神奇的鹽

Salt

ALIX LEFIEF-DELCOURT 編著

張麗萍 譯

神奇的鹽

80多種價廉物美、妙不可「鹽」的用法

作　　者　ALIX LEFIEF-DELCOURT
譯　　者　張麗萍
發 行 人　程安琪
總 策 畫　程顯灝
編輯顧問　錢嘉琪
編輯顧問　潘秉新

總 編 輯　呂增娣
執行主編　李瓊絲
主　　編　鍾若琦
編　　輯　吳孟蓉、程郁庭、許雅眉
編輯助理　張雅茹
美術主編　潘大智
美　　編　徐紓婷
行銷企劃　謝儀方
出 版 者　橘子文化事業有限公司

總 代 理　三友圖書有限公司
地　　址　106 台北市安和路 2 段 213 號 4 樓
電　　話　(02) 2377-4155
傳　　真　(02) 2377-4355
E － mail　service@sanyau.com.tw
郵政劃撥　05844889 三友圖書有限公司

總 經 銷　大和書報圖書股份有限公司
地　　址　新北市新莊區五工五路 2 號
電　　話　(02) 8990-2588
傳　　真　(02) 2299-7900

初　　版　2014 年 5 月
定　　價　新臺幣 169 元
I S B N　978-986-364-002-8

This book published originally under the title Le sel malin by Alix Lefief-Delcourt ©2010 LEDUC.S Editions, Paris, France.
Complexe Chinese Edition: 鹽的妙用 ©2012 by Ju-zi Co. Cultural Enterprise. Ltd.
Current Chinese translation rights arranged through Divas International, Paris (www.divas-books.com)

http://www.ju-zi.com.tw
三友圖書 友直 友諒 友多聞

國家圖書館出版品預行編目 (CIP) 資料

神 奇 的 鹽：80 多 種 價 廉 物 美、妙 不 可「 鹽 」的 用 / ALIX LEFIEF-DELCOURT 作 .-- 初版 .-- 臺北市：橘子文化，2014.05
面；公分
ISBN 978-986-364-002-8(平裝)
1. 家政 2. 手冊 3. 鹽
420.26　　103007809

序

鹽是人體維持生命不可或缺的物質。鹽在地球上的儲量極豐。
很早以前,人類的祖先就知道用鹽來保存食物和治療一些常見
的小毛病。有些地方的人,甚至用鹽做為流通的貨幣,例如法
語中「工資」這個詞,最初就是從「鹽」演變而來的。從前的
人認為打翻鹽罐是不吉利的,覺得這是災難的預兆。由此可見,
鹽在人們生活中扮演多麼重要的角色。

到了現代,人們反而「談鹽色變」,視鹽為傷害身體健康的元
兇,認為是鹽引發高血壓、心血管疾病、水腫、骨質疏鬆症等
疾病。事實上,這些疾病的真正病因根本不是鹽,而是人們食
鹽過量所致。不可否認,現代人確實存在食鹽過量的問題,而
這往往是在不自覺的情況下發生的。要問原因何在?暫且不論
其他,單就食品加工業而言,看看食品生產過程中添加那麼多
的鹽,大家就該心中有數了。

鹽在食品加工業中的用途非常廣,它不僅是一種常見的食品添
加劑,還能改善食物的內部結構,或是使食物的外表看起來更
誘人。正因為如此,我們日常所吃的食物都含有大量的鹽,包
括肉類加工食品、即食菜餚、餅乾(哪怕是甜味的)、調味品
等。現代人過度重視食物的色香味與口感,一味往食物裏加鹽,
竟忽視了鹽對人體的真正價值。其實,每人每天攝入的鹽量應
控制在 2～6 克之間,過多或過少都不利身體健康。

contents

PART 5　鹽與美容

PART 6　鹽與美食

PART 1

維持生命的鹽

鹽是一種非常普通的物質,地球上隨處可見,一般我們只有談到食物的時候才會想起它。鹽是生命之源,是維持生命不可或缺的物質,是大自然贈與人類的無價之寶。

鹽的歷史

千年之寶

鹽的歷史可以追溯到遠古時代。人類的採鹽活動始於公元前 6000 年左右。在漫長的歷史過程中，人類不僅學會從海洋之中和陸地上採鹽，還發明了各種各樣巧妙實用的煉鹽技術。

考古學家在法國上普羅旺斯阿爾卑斯省的莫里耶斯地區發現的水泥井，當初就是為了搜集鹹水煉鹽而建的。這個地區因此被列為歐洲最早的煉鹽遺址之一，和奧地利哈爾施塔特的鹽礦一樣對外開放，供遊客參觀。除此之外，幾年前，考古學家們在摩澤爾省塞耶河的鹹水泉周邊又發現一批有 3000 多年歷史的鹽礦遺址。

公元一世紀，羅馬著名的作家和博物學家老普林尼曾在其長篇巨著《自然史》一書中，花了好幾個章節書寫鹽。他在書中列舉當時所有產鹽地區，介紹不同的煉鹽方法，還強調不同鹽的特性等。

根據書中記載可以發現，老普林尼認為當時最有名的鹽是產自薩拉米斯島和塞浦路斯島的海鹽。他詳細介紹這些鹽的特點和用途，例如，有些可以用來治療眼疾，有些與蜂蜜調勻後可以除皺、恢復肌膚的光澤……等。

另外，鹽對於被蛇咬傷，被蠍子、黃蜂螫傷，減輕偏頭痛、去肉芽等都有顯著的療效。

鹽的小知識

大自然贈與人類的無價之寶

說到鹽，平常人們只有談到食物時才會提起它。

鹽是一種非常普通的物質，在地球上隨處可見，但千萬不能因此就忽視它的重要性！

因為鹽是大自然贈與人類的無價之寶，是人體維持生命存在不可缺少的物質之一。

——亨利・威蘭

《一粒鹽的歷史》

納稅工具和貨幣

鹽是人類日常生活的必需品，它很快就在各國的市場上占有一席之地。在法國，專門運鹽的車輛和船隻在陸路和水路上常年穿梭不息。

當時，法國生產的鹽除了供本國消費外，還有一部分會漂洋過海出口到北歐國家，成為國家經濟收入的重要來源。另外，由於鹽一直是由國家壟斷經營，所以在某種程度上象徵著王權。

公元 15 世紀，法國出現鹽稅。法王腓力六世（1293 ～ 1350）親自組織徵稅工作。全法國所生產的鹽都被統一收進鹽庫，透過鹽庫批發給大鹽商，再由大鹽商供給零售商或直接銷售。按照規定，一般老百姓每 3 個月要購買一定量的鹽，這就是所謂的鹽稅稅規。這種強制性購

買的鹽就是當時的「鍋和鹽瓶的義務鹽」。各家各戶每一個季度買的鹽即使用不完，也不能轉賣；更不能因此拒絕購買下一季度的鹽。由於鹽稅的稅規很不公平，在很多地方還有黑箱作業，所以很不得人心。首先是鹽稅的地區分配不合理，當時有些省份的鹽稅特別重，被稱為「大鹽稅地區」，還有一些省份則根本沒有鹽稅。

此外，特權階級還可以利用職權免徵鹽稅，或是以超低的價格購鹽，導致當時很多地方都出現私鹽販子和大規模的人民起義。儘管如此，鹽稅制度依然存在，直到法國大革命過後的 1790 年才正式取消。在舊制度下，人們還曾經用鹽做為貨幣進行流通。像是法語中「工資」這個詞，最初就是從「鹽」演化變來的。而在拉丁語中，「工資」這個詞的意思就是鹽的分配量。人們最初就是用這種從大自然賺來的「工資」來換取商品的。

除了法國，還有很多國家也曾經把鹽當作貨幣使用。在西非，岩鹽被用作流通工具長達好幾個世紀之久。在西藏，曾有很長一段時間使用鹽塊當作貿易交換的媒介。

宗教信仰的工具

鹽在禮拜儀式中一直發揮重要作用，有些儀式甚至與宗教信仰無關。即使在基督教文化以外，鹽也常常被用於祭祀活動。在基督教的宗教活動中，鹽的用處很大，準備聖水就必須用到鹽。在很多宗教信仰中，鹽還常常被視為智慧的象徵。例如，古羅馬人在新生兒出生幾天後替他們灑聖水時就要用到鹽；在土耳其人的割禮儀式中，主持割禮的人

會一邊往被割禮的兒童嘴裏放幾粒鹽，一邊在嘴裏唸誦「真主保佑，願你吮吸了嘴裏的鹽後，唸起真主大名時嘴裏永遠充滿芬芳，不再嘗地球上的一切不潔之物」。

鹽還與很多古老的習俗密切相關。古時候，人們習慣在門口放一小塊麵包和鹽歡迎遠道而來的客人，至今仍有很多地方的人民保有這種習俗。主人招待客人時要在餐桌上放上鹽瓶，它的作用除了佐餐之外，更是為了顯示主人的熱情好客。鹽瓶愈精美，表示客人愈受歡迎。

即便到了現代，鹽還是有很多象徵意義。打翻鹽瓶是一件很不吉利的事，往往被視為不祥之兆，預示打翻鹽瓶的人將會遇到很大的災難，或是捲入一場殘酷的鬥爭。此時，打翻鹽瓶的人要趕緊在自己的左肩膀上撒點鹽，才能逢凶化吉。

用餐過程中，當鄰座需要加鹽時，千萬不要直接把鹽瓶遞到他手中，而應把鹽瓶放到他的手邊，讓他自取。另外，女人如果把菜做得太鹹了，往往是因為她正在戀愛中。正因為鹽有這麼多的文化內涵，所以人們還常常用「鹽」這個字表示其他意思，如「更生動」、「更動人」、「更有趣」等意思。

這點從公元一世紀老普林尼的作品中也可以得到驗證。他曾經寫道：「離開了鹽，生活將無愜意可言。鹽對人類的生活是如此重要，即便是『鹽』這個名稱就足以驅走所有精神上的不愉快！再也沒有哪個詞比『鹽』更能形容生活上的愜意、精神上的極樂，以及工作完成後的放鬆感等。」

保存食物

鹽除了可以治療疾病外，還可以用來保存魚肉。早在人類還處於蒙昧時代，就已經發現這個用途。根據荷馬史詩的記載，人類在公元前 8 世紀左右就學會用鹽來保存食物。

在這之前，古埃及人曾經用鹽來保存屍體；古希臘人和古羅馬人也常常用鹽來保存屍體，使它們不易腐爛。就是在利用鹽保存屍體的過程中，人類漸漸從中汲取經驗，發明了醃製法，用它來保存那些易腐的肉類。

在這段與鹽打交道的漫長歷史過程中，人類逐漸對鹽的品質有了更深的認識，知道鹽有優劣之分。部分盛產優質鹽的地區，也因醃製食品而名聞遐邇。如巴約納 (Bayonne) 的火腿、塞圖巴爾（Setubal）的鱈魚等。到了中世紀，醃製食品已成為大型宴會上重要的菜色。

鹽的小知識

酵母菌發酵法

鹽是酵母菌發酵的重要原料之一。從前有很長一段時間，人們利用酵母菌發酵法保存蔬菜、野生植物、草、樹葉等。雖然後來隨着殺菌技術和冷藏技術的開發，利用酵母菌發酵法保存食物逐漸被取代，但它依然被用來製作醬油、味噌料（日本料理的兩種傳統調味料）、酸菜和檸檬罐頭等。

「鹽」味深長

法語與鹽

法語中有很多表達法都含有「鹽」，在這裏舉幾個例子：

頭髮是胡椒粉和鹽的顏色（cheveux poivre et sel） = 花白頭髮

菜單滿是鹽味 = 菜單太貴了

加入自己的鹽 （mettre son grain de sel）= 參加討論

這不缺鹽 = 非常有趣

在他的生活中加點鹽 = 使其受苦

變成了鹽做的雕塑 （en statue de sel）= 呆若木雞，靜止不動

分享麵包和鹽 = 熱情接待

吃某人的鹽 = 吃某人的麵包

締結鹽的條約 = 締結堅不可摧的條約

鹽的成分

化學上的鹽

化學上所說的鹽，是指由陰陽兩種離子反應構成的一種晶體化合物，如氯化鈉、硫酸鎂、氯化銨、二氧化鈦等。

在日常生活中，鹽通常是指食鹽，也就是上面所提到的氯化鈉。氯化鈉是由 60% 的氯和 40% 的鈉構成，化學符號為 NaCl。氯化鈉雖是食鹽的主要成分，但其在原鹽和精鹽中所占的比例還是有一定的差別。

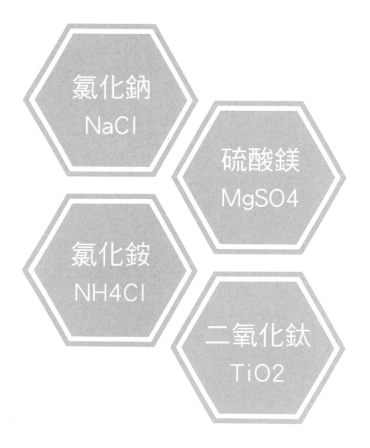

氯化鈉
NaCl

硫酸鎂
MgSO4

氯化銨
NH4Cl

二氧化鈦
TiO2

🧂 原鹽

原鹽（未經過提煉的鹽）是 100% 的純天然物質，未經任何化學處理，主要成分是氯化鈉，還含有一些鎂的化合物（氯化鎂為主）和極少量對身體有益的物質。

🧂 精鹽

精鹽最主要的成分是氯化鈉，所占的比例超過 97%，其他礦物質都已經在化學處理過程中被萃取掉了。煉鹽本意就是要除去鹽中的雜質，使它看起來更潔白，賣相更好，保存也更容易。

另外，精鹽提煉的過程中往往還會加入一定量的抗黏合劑，以防放久了會結塊。近年來，基於對公共健康的考慮，精鹽生產過程中也會加入適量的氟和碘。

煉鹽

透過煉鹽來保存鹽

過去，人們用鹽來保存食物；如今，人們透過煉鹽來保存鹽。

原鹽中因含有氯化鎂和其他微量元素特別容易受潮，人們於是透過煉鹽，對原鹽進行一系列的化學處理，使它更易於保存。煉鹽的過程中需要加入很多添加物，使鹽看起來更白，且長久保持粉狀。

同時，原鹽中含有很多對人體有益的元素，如鎂、鈣、鉀、鐵、錳、鋅、銅、氟等也會大量流失，最後只剩下大量的氯化鈉。氯化鈉正是導致很多疾病的元兇。

此外，為了防止鹽結塊，煉鹽時還會添加抗黏合劑，人體如果攝入過量，會有生命危險。

現在的食用鹽幾乎全都是提煉後的產物，它的性質已經發生很大的變化。如此一來，使得未經提煉的原鹽，尤其灰色的海鹽，大受歡迎。

未經任何化學處理的原鹽是 100% 的天然產品，除了含有大量的氯化鈉以外，還有很多對人體有益的礦物質和微量元素。當然，這不表示未經提煉的鹽就可以過量食用。其實，不論是原鹽還是精鹽，只要攝入過量都不利人體健康。

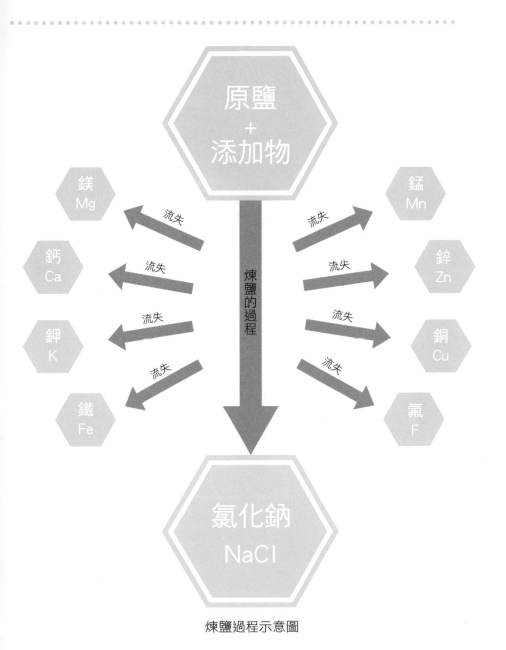

原鹽
＋
添加物

鎂
Mg

錳
Mn

流失 流失

鈣
Ca

鋅
Zn

流失 流失

煉鹽的過程

鉀
K

銅
Cu

流失 流失

鐵
Fe

流失 流失

氟
F

氯化鈉
NaCl

煉鹽過程示意圖

鹽的功用

鹽，確切地説是氯化鈉，是人體維持正常生命活動不可或缺的礦物質其中一種，它存在於所有生命體的血清和細胞中，平均每一公升的血清就含有 9 公克的鹽。

 ## 基本作用

原鹽（未經過提煉的鹽）是 100% 的純天然物質，未經任何化學處理，主要成分是氯化鈉，還含有一些鎂的化合物（氯化鎂為主）和極少量對身體有益的物質。

保存水分

人體中 62% 都是水分，如果沒有鹽，生命根本無法存在。

促進新陳代謝

氯化鈉中的氯離子和鈉離子在人體的新陳代謝過程中發揮重要的作用：它們可以促進肌肉和神經的活動、平衡不同體液、進行水合作用、調節血壓和血量、運輸細胞、促進消化等。

鹽的小知識

鹽吃多了為什麼會覺得渴？
相信大家都有過這種經歷，那就是吃了太鹹的食物後會特別想喝水。這是一種很正常的現象，可以透過科學道理來解釋。人體攝入太鹹的食物後，體內細胞外水分中鹽的濃度就會高於細胞內水分中鹽的濃度，於是細胞內的水分就會滲到細胞外去稀釋血液中過多的氯離子，從而導致細胞缺水，細胞就會發出要求補水的信號，也就所謂的「口渴」。解決的方法就是趕緊喝水補充水分。

🧂 添加物

我們的生活離不開鹽,每天都要吃鹽,於是公共權力機構就選擇鹽做為補充人體健康所需的的載體,添加另外兩種元素——碘和氟。

碘

碘是人體不可或缺的礦物質元素,可以維護甲狀腺功能正常、促進精神運動系統的生長發育(防止先天性碘缺乏性甲狀腺低能症,舊稱呆小症)。

食用加碘鹽於 1952 年起開始普及。在此要說明的是,加碘鹽只有食用一途,所以必須要在商標上註明「加碘食用鹽」、「加碘烹飪用鹽」或「加碘佐餐鹽」,不適用於醫療用途。

氟

氟可以強化牙齦,防止牙菌斑的形成,還可以防止齲齒惡化。

1985 年開始鼓勵在食用鹽中添加氟,加氟鹽必須在商標上註明是「加碘加氟鹽」,而且必須標明「切勿與含氟量超過 0.5 公克/公升的飲料同時食用」,防止人體攝入過量的氟而中毒。

鹽的小知識

食用鹽標準
法國於 2007 年施行的一道法令對食用鹽標準做了以下兩條明確闡述：

食用鹽質量標準：
在乾燥情況下，氯化鈉的含量不低於 97%，且不含任何其他添加劑的鹽才有權使用「食用鹽」、「佐餐用鹽」或「烹飪用鹽」的標識示。

食用灰色海鹽的質量標準：
在乾燥情況下，氯化鈉的含量不低於 94% 且不含任何其他添加劑的灰色海鹽才有權使用「食用灰色海鹽」、「佐餐用灰色海鹽」或「烹飪用灰色海鹽」的標示。

此外，只有食用鹽中才可添加碘和氟。

 # 適量用鹽

 ## 食鹽過少和食鹽過量

人體如果長期攝入鹽分不足，就會出現疲勞、失眠、痙攣、食欲不振、性慾減退、血壓偏低、神經系統功能衰弱、昏厥、排水功能下降等徵兆。如果攝入的鹽過多呢？一個健康的人偶爾攝入過多的鹽通常不會有什麼大礙，人體能夠透過自動調節排出多餘的鹽分（以尿液或汗水的形式排出），使體內鹽的含量恢復到正常水平。普通人每天最多能夠消化 16 公克的鹽。 但是高血壓、腎臟病或心臟病的患者，無法透過自身調節排出體內過多的鹽分，所以就要減少鹽的攝取量，如有必要，還可以採用「限鈉飲食」。

鹽與健康

少吃鹽，可挽救數百萬生命

2010 年《新英格蘭醫學雜誌》上刊登一份研究顯示，如果每個美國人每天減少攝入 1 公克的鹽，全年就能避免 11,000 ～ 23,000 起腦血管疾病患者和 18,000 至～ 35,000 起心臟病患者發病，減少 15 萬～ 32 萬人死亡。如果每天減少攝入 3 公克的鹽，則可以避免 92,000 人死亡，99,000 起心肌梗塞和 66,000 起心血管疾病的發生。

另外，最近義大利發表的一份研究報告也顯示，如果全世界每人每天減少攝入 5 公克的鹽，全球每年可減少 3 百萬起因心血管疾病引發的死亡事故。

吃鹽過多會長胖嗎？鹽本身是 0 卡路里，不含熱量，不會導致肥胖。儘管如此，平常還是要盡量減少鹽的攝取量，因為鹽可以增加食欲，使人胃口大開，愈吃愈多，而且吃鹽過多也會引起口渴。

有研究顯示，鹽吃過多會讓人喝下更多的飲料，特別是容易發胖的含糖飲料。倫敦大學聖喬治學院的馮‧何教授認為，那些超重 15% 的年輕人如果能夠把他們攝取的鹽份量減半，平均每週體內就可減少攝入 244 卡路里的熱量。

採用這種方法減肥，肥胖人數一定會大大減少。

如何適量用鹽

維持生命的最低鹽量

一個成年人要維持正常的生命機能，每天至少要攝入 2 公克的鹽。

根據法國食品衛生安全局（現在簡稱 ANSES，過去為 AFSSA）的資料，
「科學研究顯示，一個成年人每天攝入 4 公克鹽就足以保持身體的各
種需要，若低於 1～2 公克則會出現缺鹽現象」。

吃鹽多少因人而異

鹽吃多吃少會因年齡、勞動強度、氣候等的不同而有差異。例如，當
人體從事高強度的體力活動，或者遇到天氣炎熱時，對鹽的需求就會
略為增加。

要特別注意老年人和兒童所攝入的鹽量，他們如果吃過多鹽會有脫水
的危險；此外，老人吃太多鹽會容易長皺紋，兒童吃過多鹽則容易個
子矮小。

食鹽過量已成通病

如今，高鹽飲食已經成為西方社會的一個通病，人們攝入鹽量的平均
值已經遠遠超過正常範圍。

根據法國國家衛生安全局提供的數據來看，現代人平均每天大約攝入
10 公克鹽左右。2007 年發表的最新研究結果 Inca2 顯示，一般人每天

透過食物直接攝取的鹽為 7.7 公克，這還不包括用餐時有意無意添加的 1 ～ 2 公克的佐餐鹽。

上面所說的都是我們在烹飪過程中自己親手添加的鹽，也就是「可見」的鹽。

另外，還有很多食物本身就含有鹽，這些都是我們看不到的，也就是「隱形鹽」。

由於這些鹽根本看不見，我們常常在不知不覺中吃下很多含鹽量很高的食物。這些食物之中有的本身就含鹽，有的則是在加工過程中加入了鹽，如麵包、起司、肉類熟食、調味品（調味汁、芥末、肉湯、酸豆等）、速食湯和蔬菜汁，即食食品、餅乾（不論是鹹的還是甜的）、甜酥麵包、早餐麥片等。

含鹽量 1 公克左右的食物：

一小把薯片

一片香腸

一碗速食湯

1 ／ 4 塊披薩　　　一小把餅乾

4 片麵包

這些食物中含鹽量為什麼這麼高？因為鹽是一種用途極廣的調味品，除了可以替食物增加鹹味外，還可以：

做為香味添加劑
鹽可以使食物更香，若食物中含有苦的味道，還可以用鹽來掩蓋

有利於食物保存
鹽可以抑制細菌滋生

改善食物的結構
鹽可以改善某些食品如肉類的內部結構，使其更加可口

做為著色劑
鹽可以使肉類熟食的外表看起來更具光澤，更誘人

調節食物發酵
如麵包等

做為食物安定劑
鹽可以維持食物的形態，還可以鎖住食物裏的水分

? 鹽的小知識

餐盤上的革命
2010 年，法國很多品牌的農產品生產商都和法國國家衛生部簽署協議，表示會在以後的生產中逐步減低食品的含鹽量。

對生產商而言，降低食品中的含鹽量有一定的風險。消費者很可能會因為吃慣了的食品，味道突然變淡了而不適應，放棄消費的品牌，轉而購買其他品牌。想要留住客源，生產商就必須要改變食品的成分或改變食品的加工方式！

正確用鹽

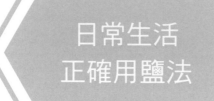

日常生活
正確用鹽法

做菜時，盡量少放鹽，先嘗過味道再添鹽。
用其他調味品來代替鹽，如香草、植物香料、辛香料、洋蔥、蔥、蒜等。

購物時，比較常買食品的說明，同類產品盡量選擇含鹽量低的。在商品標示上，鹽通常會被標註為「鹽」、「鈉」或「氯化鈉」。

用餐時，避免食用含鹽量高的食物，如餡餅、甜酥麵包、餅乾、肉類熟食等。盡量多吃新鮮食物。

從小就培養孩子少吃鹽的習慣。
用原鹽來代替白色精鹽，原鹽中含有豐富的礦物質，如鎂、鈣等。

在超市購物時，盡量發掘一些新的低鈉鹽。低鈉鹽中的鈉含量相對較低，但卻含有很多對人體有益的其他礦物質元素。不過有些低鈉鹽中往往會含有添加劑成分，如穀氨酸。

🧂 鹽與忌鹽飲食

絕對的無鹽飲食是不存在的。我們在前面也說過，鹽是維持生命存在必需的礦物質，所以人不可能絕對不吃鹽。由此看來，忌鹽飲食的本質應該是低鈉飲食。不能多吃鹽的人要在醫生的建議和幫助下，採用限鈉飲食。首先要從減少日常飲食的含鹽量做起，同時還要遠離含鹽食品，如蜜餞、麵包、外賣食品、肉類熟食、起司、糕點、現成的調味料、碳酸飲料等。

食用加碘鹽於 1952 年起開始普及。不過要說明的是，加碘鹽只有食用用途，所以必須要在商標上註明「加碘食用鹽」、「加碘烹飪用鹽」或「加碘佐餐鹽」，不適於醫療用途。

🧂 鹽與忌鹽飲食

每天鹽的攝取量不得超過 2 公克，有特殊要求的，則不得超過 1 公克。這種限鈉飲食主要適用於心肺功能衰竭、腎臟病、慢性腎炎、肝硬化等疾病的患者。高血壓患者並不一定要採用嚴格的限鈉飲食，但還是盡量減少鹽的攝取量，每天不得超過 6 公克。患者在用餐時盡量不要添加佐餐鹽，而且要遠離含鹽食品。

實在離不開佐餐鹽的人，可以去藥店購買一種叫作「不含鹽的鹽」做為替代物。不過這種產品的含鉀量很高，所以不建議不能攝入過多鉀元素的人購買。此外，這種「不含鹽的鹽」裏還含有很多對人體健康有害的添加劑成分。所以請在醫生或藥劑師的建議下，決定是否需要購買使用。

越年輕吃越鹹

依照衛生福利部國民健康署的建議，成人每日鈉總攝取量不宜超過 2,400 毫克（即鹽 6 公克）。但是，隨著國人飲食西化，國民健康局整理國內數家連鎖速食店資料顯示，早餐如選擇起司蛋堡加一杯濃湯，鈉含量就達 1,939 毫克（占每日建議攝取量的 8 成），午餐如選擇牛肉起司漢堡加一杯濃湯，鈉含量也高達 2,098 毫克（占每日建議攝取量的 8 成 7）。如果早餐跟午餐都在速食店解決，光是兩餐的鈉攝取量就可能高達 4,037 毫克，已是每日建議攝取量的 1.7 倍了！

男多於女，少多於老

根據 2005 年～ 2008 年、2010 年～ 2011 年國民營養健康狀況變遷調查結果顯示，我國各年齡層民眾的鈉（鹽）攝取量都已超過衛生署建議每日 2,400 毫克的標準，而且有「男多於女、少多於老」的趨勢。尤其值得注意的是，國、高中男生每日鈉總攝取量分別為 4,899 毫克及 4,962 毫克，已達每日建議值的 2 倍以上，居各年齡層之冠。

另外，依據國民健康局「2007 年台灣地區高血壓、高血糖、高血脂之追蹤調查研究」結果顯示，每 12 個年輕人（20-39 歲）就有一人患有高血壓，這群年輕民眾高血壓自知率僅為 26%，即平均每 4 個有高血壓的年輕人就有 3 人不知道自己血壓過高，而可怕的是高血壓病人未來罹患腦中風又是一般人的 3 倍！因此，健康局呼籲，年輕民眾若不能改變吃重鹹的飲食習慣，後續衍生的高血壓及中風問題將會比現在更嚴重。

PART 2

獨一無二的鹽

說起地球上的鹽，那肯定不能用「一種」來形容，得說「很多種」。有岩鹽、海鹽；有精鹽、粗鹽；有白色的鹽、灰色的鹽；有浴鹽、食鹽；有產自埃普瑟姆的鹽、也有產自喜馬拉雅山的鹽……

另外，還可以按光澤、顏色、顆粒大小、吸水度、脆度、甚至口感等進行分類，每一種鹽都是獨一無二的。

鹽的分類

按自然特性分類

岩鹽

岩鹽是產自陸地的鹽，又稱礦物鹽、地鹽或石鹽，希臘語的意思是「產自石頭的鹽」，是古代內陸海乾涸後留下的石岩礦床的產物。由此看來，即使是產自陸地的鹽，最初也是來自海洋。

現在的食用鹽主要都是由岩鹽提煉而來。剛採集出來的岩鹽以石塊的形式存在。

石鹽開採的過程比較特殊，必須先對含鹽層注入淡水，當注入的水漫過鹽層表面，此時淡水已經變成鹵水，再用水泵把鹵水抽到地表，透過讓鹵水受熱蒸發來提取石鹽。

法國的洛林、弗朗什 - 孔泰和貝亞恩地區都有相當豐富的岩鹽礦藏。

海鹽

海鹽是從鹽沼或海水中提取而來，所含的微量元素比岩鹽更豐富，味道也更重。

海鹽的提取方式有兩種，一種是純手工煉鹽法，另一種是工業煉鹽法。

前者需要事先在盆地裏建造一個循環系統，然後引入海水，讓海水在天然日曬和風吹的作用下結晶，最後再以人工進行搜集。後者則是利用陽光以外的熱源使海水迅速蒸發結晶。平均每公升海水中含有 35 公

克的鹽。以此推算，地球上海水中的儲鹽蘊藏量為 50 萬億噸。

🧂 按外形分類

粗鹽

粗鹽是一種顆粒較大的鹽結晶。

細鹽

細鹽是粗鹽乾燥後再加工的產物，顆粒較小。

鹽花

鹽花是在鹽沼表面的一層薄薄的白色晶體。

夏夜，環境溫度和鹽沼表層的溫度差使得鹽沼表面的水蒸氣結晶，次日清晨，就會有一層薄薄的白色晶體浮在鹽沼表面。

鹽花晶體的顆粒大小介於細鹽和粗鹽之間，味道較它們更鮮美。

金剛鹽

金剛鹽是從陸地鹽礦裏開採出來的原鹽。剛採出時石塊的形式，體積通常比較大，需要用人工研磨成適當大小的顆粒後方能使用。如喜馬拉雅山玫瑰鹽、波斯藍鹽等。

按顏色味道分類

我們平常所見到的鹽大都是白色或灰色，其實還有些鹽因為其中含有特殊的礦物成分而呈現其他顏色。

灰鹽

產自海洋的原鹽在未經化學處理和洗滌之前都是灰色的，主要是因為其中含有黏土和很多微量元素，如蓋朗德灰鹽。

白鹽

灰鹽經過多次洗滌、去除雜質後就變成白色的鹽。白色的鹽就是一般所用的精鹽，由於在提煉的過程中損失了大量的礦物質，原本的顏色也不復存在了。

玫瑰鹽

喜馬拉雅玫瑰鹽和祕魯馬拉斯的玫瑰鹽之所以會呈現玫瑰色，是因為其中含有多種礦物質成分，主要是鐵元素。

波斯藍鹽

波斯藍鹽產於伊朗，由於含有大量的鉀鹽晶體而呈藍色。

夏威夷黑鹽

夏威夷黑鹽產自夏威夷，由於含有少量的活性炭而呈黑色。之所以會有活性炭，主要是由於在洗鹽過程中，洗鹽池中一些黑色活性炭雜質混入其中。有些鹽是因為在乾燥過程中使用煙熏而呈特殊顏色。

格爾西海鹽

格爾西海鹽原產於蘇格蘭，因為在提煉的過程採用橡木燃燒進行乾燥，故外表呈褚石色。

薩利希熏鹽

薩利希熏鹽產於太平洋，在提煉過程中採用紅橙木燃燒進行乾燥，故外表略顯紅色。

調味鹽

現在市售各種各樣的調味鹽，有檸檬味、海苔味、辣味、芥末味、香菜味、香料味，甚至還有綠茶味、竹葉味或松露味等。這些鹽雖然看起來五顏六色，其實並不是鹽本身的顏色，而是在白色的鹽裏加了各種顏色的調味料所致。所以，千萬不要將調味鹽和那些天然有色鹽，如喜馬拉雅玫瑰鹽、夏威夷黑鹽等混為一談。

當然，我們也可以自己動手，製造出各種顏色的鹽。

按產地分類

下面針對當前法國、歐洲各地常見產地所產的鹽做一個簡單的分類。

蓋朗德鹽

主要用於烹飪。位於盧瓦爾——大西洋地區的蓋朗德城因其豐富的鹽沼地而舉世聞名。當地最早的鹽田可以上溯到公元 3 世紀。這裏一直都採用傳統的手工方式採集鹽花和粗鹽，採到的鹽也因接觸到黏土而

呈灰色。蓋朗德鹽是 100% 的純天然產物，不經任何化學處理，不加添加劑，口味遠勝於地中海鹽。

蓋朗德鹽擁有受保護的地理標示 (IGP)，分別是紅標（主要是粗鹽和精鹽）和「自然與進步」(Nature et. Progress) 協會的有機產品。

巴約納鹽

巴約納鹽產自西班牙巴斯克地區，是一種質地堅硬的岩鹽，主要用來醃製火腿。如今，用巴約納鹽醃製的火腿已經享有獨特的地區保護標示，即「巴約納火腿」。

阿爾加維鹽

主要用於烹飪。阿爾加維鹽是產自葡萄牙南部地區的海鹽，外表極富光澤，味道鮮美，是 100% 不含任何化學添加劑的純天然產物，主要用於醃製鱈魚。

喜馬拉雅玫瑰鹽

用於烹飪、美容、保健。喜馬拉雅玫瑰鹽與喜馬拉雅山脈同樣歷史悠久，都產自遙遠的古代。喜馬拉雅玫瑰鹽的礦床位於地底下 500 公尺的深處，不受任何污染源和人類生活廢棄物的影響，特別純淨。喜馬拉雅玫瑰鹽中含有豐富的微量元素，如鐵、鈣、鉀等，外形有大有小，有晶體狀，有「金剛石」狀……，各不相同。

喜馬拉雅玫瑰鹽除了可以用於烹飪外，還可以用來做磨砂膏、浴鹽等，對於緩解身體疲勞，治療風濕、肌肉疼痛、腎結石等都有很好的療效。

水晶鹽燈

喜馬拉雅玫瑰鹽製成的水晶鹽燈，可有效消除疲勞、緩解壓力，其基本原理是利用水晶鹽岩中富含離子礦物質和微量元素，經過簡單的燈泡或燭光加熱後，會釋放大量的天然負離子，鹽晶還會吸收大氣中的水分，建立起負離子場，淨化空氣。

死海鹽

主要用於美容、保健。死海的海水含鹽量非常高，死海鹽濃度超過 25%，遠遠高於一般海水 2 ～ 4% 的平均值，礦物質含量極其豐富，所以產自死海的鹽也含有非常豐富的礦物質，廣為人知的就有 26 種，其中居首位的是氯化鎂和氯化鈉，另外還有含有鉀、鈣、磷、鐵、鋅等元素。

死海鹽的最大用途是泡澡，用死海鹽泡澡不僅可以治療風濕、肌肉疼痛，緩解精神緊張，還可以治療肌肉和血液的循環問題。

此外，死海鹽還具有軟化肌膚和促進肌膚再生的功效，對於治療濕疹、牛皮癬等皮膚病有顯著療效。

購買死海鹽時，一定要注意標示，辨別死海鹽的方法之一就是看顏色，如果所謂的「死海鹽」是純白色的，那肯定是假貨。

另外，死海鹽的價格遠高於一般的灰色海鹽。

其他「鹽」

沒有氯化鈉的「鹽」

在日常生活中，我們會發現有很多種也叫作「鹽」的物質，可是它們的組成成分中卻沒有一點氯化鈉，完全不同於我們所熟知的食用鹽。

實際上，「鹽」的範疇非常廣，除了氯化鈉以外，還有很多晶體也叫作「鹽」。下面是幾種常見的「鹽」。

愛普生鹽

愛普生鹽的主要成分是硫酸鎂。這種鹽最早是在英國愛普生地區的礦泉水中發現的，所以取名為「愛普生鹽」。這麼多世紀以來，愛普生鹽主要被用作鬆弛劑，治療皮膚病，或當作瀉藥，治療便祕。

愛普生鹽還有很多其他的名稱，如「苦鹽」、「塞德利茲鹽」、「英格蘭鹽」或「英國鹽」。

明礬

明礬是硫酸鉀和氫氧化鋁的混合物。明礬性寒味酸澀，具抗菌作用，所以在日常生活中的用途極廣。

明礬石可用作除臭劑，具有收斂作用和抵禦異味的功能。如果刮完鬍鬚後皮膚上有火辣感或有輕微出血，可用明礬去痛止血。此外，明礬石還有固色的作用，所以被大量用於建築行業，如加在石灰塗料中。

明礬這個詞是根據希臘文的「鹽」轉變而來的。

芒硝

芒硝是硫酸鈉。芒硝的化學名稱來自於它的發現者——德國化學家和藥劑師約翰·魯道夫·格勞伯（1604 ～ 1670）。

芒硝一開始主要是當瀉藥使用，現在則廣泛用於製造洗滌劑、紙張、玻璃和紡織品等。

舒斯勒鹽

19 世紀，德國醫生威廉·舒斯勒 (Wilhelm Heinrich Schuessler) 辨識出人體的血液和細胞中有 12 種無機鹽，對維持人體健康至關重要。這 12 種無機鹽中的每一種都有其特定的功能。

他認為，人只要得病，不管是生理疾病或是心理疾病，都和這 12 種無機鹽有關係。要麼是其中某一種鹽或幾種鹽的含量不足，要麼就是它們之間的比例不平衡。

他指出，人如若出現感冒、頭痛、支氣管炎、高血壓、長痘痘、循環不良、抑鬱、疲勞等症狀，往往是因為體內氯化鈉不足所致。如果不加重視，任其發展，還會出現消瘦、脫水、抑鬱、記憶力減退、貧血、生痤瘡、指甲變脆等狀況。

舒斯勒鹽在市面上的各大藥房均有銷售，有顆粒狀，有口服液，有針劑，還有栓劑等，消費者只需根據自己的情況向藥劑師諮詢購買即可。它們的使用方法也非常簡單，而且沒什麼危險。

PART 3

鹽與家務

鹽除了有美容和保健功效之外，在居家生活中的用處也不可小覷！

鹽可用來清洗水瓶、擦拭柳編家具、清潔燒焦的鍋底等。另外，在園藝上還可以用鹽來殺蛞蝓、除雜草等。

居家清潔

🧂 清潔地磚縫

廚房的地磚,清潔起來是件苦差事。

尤其是地磚的接縫處,通常是最髒、最難清理的地方!這時為何不試試用鹽來幫忙解決這個難題呢?

使用方法:在地磚上撒滿粗鹽,再用地板刷蘸着摻醋的水使勁刷。像這種大工程,只要一年一次就差不多了。

🧂 清潔大理石

大理石非常堅硬,同時又非常脆弱。因此擦拭大理石餐桌上的咖啡漬或茶漬時一定要多加注意,不能隨便來!最好的方法就是用鹽和檸檬汁混合來擦拭。

使用方法:將 1 咖啡匙的鹽和 1/2 個檸檬擠出的汁混合,用海綿蘸着這份混合物輕輕擦拭大理石表面,就可有效去除污漬,記得最後還要用清水擦拭乾淨!

🧂 清潔浴缸

當浴缸的搪瓷已經發黑,還帶有污漬,該怎麼辦呢?當然要用鹽來為你排憂解難啊!它不僅是純天然,而且價格便宜、清潔效果又好。

使用方法：

· 將浴缸的止水塞塞好，倒入粗鹽，再澆上已經煮沸的白醋，靜置 1～
2 個小時。
· 用刷子蘸着已變得很髒的白醋刷浴缸，最後用清水沖洗乾淨！

疏通水槽

日常生活中，經常會出現水槽堵塞，產生一股異味的情況。若不想這
種情況發生，平常一定要注意清潔水槽。

若水槽真的完全堵住了該怎麼辦呢？不要急，在求助於腐蝕性化學產
品之前，先試試一些傳統的方法吧！畢竟前者對人體和環境都會造成
不良影響。

使用方法：

日常清潔
· 先將 2 公升水煮沸，在熱水中加入 5 湯匙粗鹽。
· 再用鹽水沖洗水槽，每週一次即可。

緊急疏通
· 往水槽裏倒入 3 湯匙細鹽，2 湯匙小蘇打和半杯白醋，讓它們反應 1～
2 分鐘（注意，此時會有泡沫產生）。
· 然後，再開熱水沖洗水槽，直至管道疏通為止。

清潔馬桶

馬桶是家中最容易藏污納垢、滋生細菌的地方，稍不注意就會成為衛生死角。用粗鹽和醋搭檔，既經濟又實惠，且不會污染環境。

使用方法：

· 在馬桶的內壁（濕潤狀態）撒 2 捧粗鹽，朝鹽上澆 1 公升燒開的白醋，靜置一個晚上。
· 第二天起床，用馬桶刷蘸着鹽醋混合物的髒水使勁刷，最後放水沖乾淨即可，每週清潔 1～2 次。

清潔藤製家具

鹽是清潔柳編或藤製家具或草編椅子的首選材料，不僅可以讓家具煥然一新，且不會污染環境。

使用方法：

· 取 0.5 公升的水，混合 2 湯匙的粗鹽。用抹布蘸鹽水，順着柳條或草的紋理方向擦拭家具表面即可。
· 也可先在家具表面塗點粗鹽，再用蘸檸檬汁的海綿順紋理方向擦拭。

清潔絨織物、地毯

絨織物和地毯用久了就會失去原本的色彩，看起來暗淡無光。怎樣才能讓它們恢復光澤呢？當然是用鹽啦！

使用方法：

· 在絨織物或地毯上撒點鹽，30 分鐘後再用吸塵器吸一下即可。

· 還可以用鹽和小蘇打粉（可去除異味）的混合物來清潔絨織物和地毯。按照 1：1 的比例將鹽和小蘇打粉混合，撒在絨織物或地毯表面，過一段時間後再用吸塵器吸乾淨即可。

清洗玻璃酒瓶

想把長頸玻璃瓶洗乾淨可是個大工程，想把裝酒用的長頸玻璃瓶洗乾淨更是難上加難！在長期的使用過程中，長頸玻璃瓶的內壁上會積上厚厚的一層丹寧酸，失去原本的透明度。如何讓長頸玻璃瓶恢復當初的模樣呢？當然是用鹽來幫忙啦！

使用方法：

· 在長頸玻璃瓶中倒入 2 大湯匙的鹽和一過濾網的水，然後將玻璃瓶上下左右搖晃幾分鐘，確定瓶子內壁各個部分都觸到鹽水。

· 再用熱水把長頸玻璃瓶沖刷乾淨，放在瀝水架上自然瀝乾。

· 如果在上述鹽水混合物中加入大約 2 湯匙的白醋，清潔效果會更好。

· 注意不要每次都用這種方法清洗長頸玻璃瓶，可能會劃傷了玻璃瓶。

清洗花瓶

花瓶用過後，瓶壁上會有很多髒東西，清洗起來非常麻煩。不僅如此，如果花瓶裏插了鬱金香之類的花，用過後還會有股腐爛的氣味。這時，肯定要費大力氣清洗了。

使用方法：往花瓶裏倒 5 湯匙粗鹽、5 湯匙醋和 1 杯熱水，使勁搖晃幾秒鐘，再往花瓶裏加熱水直至瓶口部位，放置幾個小時，待瓶內物質反應完全後，再用清水把花瓶沖淨、晾乾即可。

🧂 清潔菸灰缸

尼古丁不僅會危害吸菸者的健康，還會損壞菸灰缸。因為菸灰缸經過長期使用後，會被留下很多斑點，而且還會有難聞的怪味⋯⋯想要清潔絕非易事，這時候當然要讓鹽來大顯神通啦！

使用方法：

· 先用平常的方法清洗菸灰缸，洗完後在菸灰缸裏面倒點細鹽，用抹布擦拭，最後用清水沖淨、擦乾即可。
· 此外，還可以先把菸灰缸洗乾淨，然後用 1/2 個檸檬使勁擦拭，擦完後用清水沖淨並擦乾。
· 接下來再倒點細鹽在菸灰缸裏面，用抹布擦拭，最後再用清水洗淨並擦乾。

🧂 去除水垢

水管上常會形成一些水垢，尤其是管道的接頭處更是明顯，這些水垢除起來又特別困難。其實大可不必為此傷腦筋，只要一些鹽、一點檸檬汁，再加上一點力氣就可以解決問題了！

使用方法：在水垢較多處塗上 1 ～ 2 把檸檬鹽，使勁刷洗，再用清水沖乾淨即可。

🧂 清潔玻璃

想要除去窗戶上和鏡子上的污垢，粗鹽和蘋果醋這對搭檔鐵定不會讓你失望。

使用方法：在桶中倒入 1 公升溫水，加一大把粗鹽和 2 湯匙蘋果醋，調勻後將其塗在玻璃表面，靜置 30 分鐘左右，再用清水沖淨並用超纖抹布擦乾。

🧂 填充洗碗機

在洗碗機裏用鹽，是為了避免洗碗機內部和餐貝表面的石灰質沉澱。洗碗機專用鹽是一種非常純淨的大顆粒晶體，售價較貴，其實我們可以用價格低廉的粗鹽來替代。

使用方法：當指示器顯示缺鹽時，在洗碗機的鹽槽裏放 2 把粗鹽即可。

🧂 清洗燒焦的鍋底

一時疏忽，忘記平底鍋還在火上燒着，等到想起來時，鍋底已經燒得漆黑⋯⋯ 這時候不要着急，有了鹽，清洗燒焦的鍋底就不再是難事！

使用方法：

· 在燒焦的平底鍋底部鋪上一層粗鹽，放置幾個小時或是過一個晚上。
· 然再刷鍋就會容易多了！也可以用這種方法來清洗用來烤製食物的盤子。

清洗海綿

廚房和浴室裏的海綿用久了會滋生大量的細菌和其他微生物,不僅髒,還有股怪味,海綿的彈性也會變差。

想防止這種情況發生,可以定期用鹽給家裏的海綿用品清潔消毒!

使用方法:在一個小盆裏倒入 0.5 公升熱水和 2 湯匙粗鹽,然後把需要清潔的海綿放進盆裏泡上一夜,第二天取出用清水沖淨,就煥然一新了。

去油污

鹽的去污能力雖然強,卻不能用來清潔血跡、紅酒或墨水留下的痕跡。主要是因為鹽有固色的作用,若用鹽來去除這類污漬的話,反而會適得其反。

不過若用鹽來去除油漬或油脂痕跡,還是很有效的,因為它的吸油能力很強。

使用方法:

· 如果衣服不小心沾到油漬或脂肪的話,在污漬還沒完全乾掉之前,在上面塗點粗鹽。
· 放置 1 天後,在污漬處擦點馬賽肥皂,揉搓幾下,再放進洗衣機清洗即可!

🧂 除鏽

家裏有很多地方容易生鏽，尤其是陽台的地磚。這時與其去購買價格昂貴的除鏽劑，還不如讓鹽來大展身手！

使用方法：

· 在生鏽的地方撒上鹽，往鹽上倒些檸檬汁，靜置幾個小時後再用清潔海綿擦拭。
· 最後用清水沖乾淨即可！
· 若仍有鏽跡未除淨，可重新再來一次。

🧂 保養銀器

很多人喜歡拿祖傳的銀製餐具用餐，但銀製餐具經過長期使用後，表面很容易氧化而發黑，很難清洗乾淨。這時何不試試用鹽呢？有了鹽，清洗銀器會容易多了，而且效果更好！

使用方法：

· 盆中裝滿水，加入 1 咖啡匙的粗鹽，將銀器放入盆中浸泡十幾分鐘，取出後用清水沖淨，再用乾淨的抹布擦乾即可。
· 如果銀器上有很多頑固的污漬，可以在正式清洗之前，用少量水和 1 咖啡匙的細鹽和 1 咖啡匙的小蘇打粉混合，塗在銀器上的污漬處，把污漬去掉後再按照上述方法清洗。
· 若想讓銀器更加發亮，只要按照上述方法把銀器洗淨擦乾後，再用軟布使勁擦拭銀器表面即可。

📍 保養銅器

銅器很容易因氧化而生出灰綠色的鏽斑，所以一定要定期保養才能光亮照人。

使用方法：

· 將 1 湯匙白醋、1 湯匙細鹽和 1 湯匙麵粉混合，調勻後塗抹在銅器表面並使勁搓，最後用呢絨擦乾淨即可。
· 對付那些特別頑固的斑點，可先在其表面抹上一層粗鹽，然後拿 1/2 個檸檬使勁擦拭即可。

📍 保養熨斗的烙鐵

熨斗用過一段時間後，上面的烙鐵很容易生垢，所以一定要定期進行保養。最有效的烙鐵保養劑就是鹽和醋或檸檬汁調成的混合物。

使用方法：

· 取一個小容器，放入 2 湯匙白醋、1/2 咖啡匙的細鹽，調勻後拿一塊抹布放進去浸透。
· 然後取出擦拭熨斗上的烙鐵。注意，熨斗必須是冷的。
· 熨斗最好是每用 2 ～ 3 次後就這樣保養一回。
· 另外，還可以切 1/2 個檸檬，在上面撒 1/2 咖啡匙細鹽，再拿來擦拭熨斗上的烙鐵，擦完後用一塊濕抹布把烙鐵擦乾淨即可。

除雜草

陽台上或小徑上的石板間總會長些雜草，要消滅它們，別光想用化學
藥劑，最好的方法還是用鹽，粗鹽、細鹽都可以！

使用方法：

· 往雜草上撒滿鹽，2、3 天後它們自然就會萎蔫，這時再去拔就容易
  多了！重複幾次，雜草很快就會消失得無影無蹤了。
· 也可以取 2 公升熱水溶解 500 公克粗鹽，再用鹽水澆灌雜草！

滅蛞蝓

成羣結隊的蛞蝓或蝸牛正在猛烈向你的花壇襲來？不管這種事情有沒
有發生過，想起來都令人憂心忡忡！

不要擔心，讓鹽來為你的花壇築起一道屏障，擋住入侵者的道路吧！

使用方法：在花壇四週撒上一圈粗鹽，為花園築成一道鹽屏障。

🧂 消毒

擦家具的時候，如果還能順便替家具消毒的話，自然是錦上添花啦！
方法很簡單，只要把鹽和檸檬水混在一起使用就可以了！這種純天然
的清潔劑，能夠有效殺死藏匿在家具表面的細菌。

使用方法：

· 海綿浸滿檸檬汁，塗上 1～2 把細鹽，再用海綿來擦拭家具即可。
· 記得擦完後要用清水重新擦一遍，以防家具表面留下檸檬汁和鹽漬。

🧂 去除霧氣、薄冰

冬季的時候，汽車露天停了一夜，第二天早晨發現擋風玻璃上已經結
了一層薄冰。當務之急肯定是要趕緊除霜啦！

究竟有什麼好方法呢？使用化學產品之前，何不試試純天然的鹽呢？

使用方法：

· 抹布平鋪，抓 2 把鹽放在上面，再把抹布折疊好，以防鹽漏出。
· 接着用包着鹽的抹布擦拭結冰的玻璃窗，很快就可以解決問題了！

🧂 除濕

眾所周知，鹽能吸水。既然如此，當家中比較潮濕時，為何不讓鹽來
代替那那些又貴又占地方的吸濕機呢？

其實這種自製的吸濕器製作起來非常簡單，只要拿一個塑膠瓶，瓶裏放點粗鹽就可以了，經濟實惠又環保，還不占地方，既可以放在浴室，如果嬰兒房間比較潮濕的話，也可以放在嬰兒房。

使用方法：

· 取一個空塑膠瓶，從距瓶頸 10 公分左右處切成兩半。

· 用紗布和橡皮筋封住上半部分的瓶口，從另一端網裏面倒滿粗鹽。

· 然後將其倒扣在下半部分的塑膠瓶中，這樣粗鹽所吸收的濕氣就會以水的形式滴到下面的塑膠瓶中。

· 接下來只需經常加鹽、倒水即可。

· 還可以在鹽上放一塊蘸有精油的棉花，不論是薰衣草精油、檸檬精油、橙子精油或葡萄柚精油等都可以，可以讓房間充滿香氣。

手工創作材料

鹽可以拿來製作手工創作的材料，經濟實惠又無毒，非常適合兒童使用。它可以製成鹽麵團，捏成各種不同形狀，也可以製成彩鹽來畫畫。

鹽麵團

材料：麵粉 2 杯、細鹽 1 杯、溫水 3/4 ～ 1 杯

作法：

1 將麵粉和鹽倒在一個碗裏，加水和成一個柔軟不黏手的麵團。如果麵團太硬，再適當加點水；如果麵團有點黏手，就再加點麵粉。

2 將和好的鹽麵團製成各種不同的形狀，放置 10 幾個小時，再放入已預熱至 110℃的烤箱裏，切忌超過這個溫度，將烤箱恒溫器調在 3 ～ 4 處即可！烤 2 ～ 4 小時，實際時間根據麵團厚度來定。

3 烘烤過程中人不要走遠，要不時看看烤箱。等所有形狀都烤好後，就可以上色了。

TIPS

和鹽麵團的時候可以在裏面加點食用色素，和出來的麵團會更好看。用不完的鹽麵團用保鮮膜包好後放在陰涼處，一個星期左右都不會壞掉。下次再用時，可根據實際情況看是否需要再加點水，讓它變軟些。

彩鹽

材料：細鹽、彩色粉筆數支、小玻璃罐數個

作法：

1 取彩色粉筆，在一個小玻璃罐的瓶口處摩擦，讓粉筆灰自然落入罐中。

2 然後往罐子裏加點鹽，與粉筆灰混合即可製成彩鹽。對粉筆灰的數量並沒有硬性規定，加的彩色粉筆灰愈多，彩鹽的顏色就愈鮮豔。可以利用這種方法，配置各種不同顏色的彩鹽。

使用：

1 可以用彩鹽給圖畫上色。先在一個硬紙殼上將畫畫好，然後在需要上色的地方抹上膠水，再將各種顏色的彩鹽塗在相對應的位置，完工後讓其自然乾卻即可。

2 彩鹽還可以用來製作彩色瓶。基本方法是將不同顏色的彩鹽依次倒入一個透明的玻璃瓶中，然後壓緊即可。

TIPS

為了讓自己的彩鹽瓶與眾不同，我們可以充分發揮自己的想像力，例如在倒彩鹽時將玻璃瓶側放，或是用一根小棒來調節不同顏色彩鹽的位置等。

特殊用法

🧂 控制火勢

燒烤必備,學會熟練使用燒烤器具可不是件簡單的事,很多人嘗試之後都以失敗告終。既然如此,何不在燒烤時帶上一包粗鹽以防萬一呢?

使用方法:如果燒烤時火焰太高或煙太大,無法控制火勢之際,可直接往火上撒把粗鹽就可解決問題了。

🧂 延長蠟燭壽命

準備舉辦一次大型活動,或邀請朋友來家裏吃頓燭光晚餐。想法固然好,但實際操作起來卻有一定困難。

試想一下,浪漫之際,新買的蠟燭一燒起來燭油不斷滴到桌布上,不到 2 個小時就差不多燒盡了,説有多掃興就有多掃興!

為什麼不試試鹽呢?它可以有效鎖住蠟油,延長蠟燭的壽命。

使用方法:

· 點蠟燭燃之前,先在蠟燭芯周圍放幾顆粗鹽,注意別讓鹽觸到燭芯,再點燃蠟燭即可。
· 另外,還可以把新買的蠟燭放入濃鹽水中浸泡幾個小時,之後再取出使用。
· 水和鹽的比例大約是 1 公升水配 1 湯匙鹽。

延長鮮花壽命

結婚週年紀念日，收到伴侶送來一大束玫瑰花，多麼浪漫啊！怎樣才能延長鮮花的保存時間呢？當然是用鹽啦！

- 先在裝滿水的花瓶裏加入 1 小把鹽，再放入鮮花即可！
- 接下來就是記得每天換水，每次都在新換的水裏加點鹽。

防止牛仔布褪色

新買的牛仔衣物特別容易褪色，染料還常常會沾到皮膚上。有時新買的牛仔褲剛穿了一天，晚上脫衣服時就發現膝蓋、臀部，甚至手上，全都變成藍色了，該怎麼辦呢？

其實只要將牛仔褲放在鹽水裏泡一段時間，就可防止褪色。這種方法不僅適用於牛仔布類的衣物，顏色鮮豔但易掉色的衣物同樣適用。

使用方法：

- 盆中盛滿溫水，加入 4 ～ 5 湯匙粗鹽，然後將牛仔褲放進去浸泡一個晚上。
- 第二天再放進洗衣機洗就可以了。注意，浸泡過程中盆中不能放其他衣服，以防染色。
- 如果掉色嚴重，可在每次機洗之前都用鹽水泡泡。

PART 4

鹽與健康

鹽本身對人體健康沒有任何危害，人類之所以會患高血壓、水腫等疾病，主要是由於攝入的鹽過量所致。

鹽，更確切地說氯化鈉，是人體維持正常生命活動不可或缺的礦物質之一，它存在於所有生命體的血清和細胞中，平均每公升血清內就含有 9 公克鹽。

鹽的保健功效

維持生命

鹽是人體維持生命存在
不可或缺的物質

食用及治療小病小痛

鹽除了食用，還有許多其他功能！日常生活中的很多常見小病小痛
都可以用鹽來治療。

促進傷口癒合和抗菌

鹽還具有促進傷口癒合和抗菌的特質，可以用來殺菌消炎。

鹽的外用

鹽的用法很多，可以直接敷於皮膚上，也可以用來泡澡、泡腳、洗鼻、
漱口等。

補充機體所需礦物質

鹽之所以會有這麼多功效，是因為它能夠補充機體所需的礦物質，
使人體更有效地清除疲勞和對抗壓力。

鹽療法

接觸鹽的生病機率低

鹽療法源於希臘文的「鹽」一詞,是 20 世紀初發展出來的一種自然療法,在中歐地區普及甚廣。

最初是醫生發現,長期在鹽礦裏工作的工人生病的機率低於一般人,判斷是因為他們長期接觸鹽,特別是吸入鹽濃度較高的空氣之故,鹽療法也就應運而生。

當時,一些老鹽礦紛紛成立鹽療法中心,其中包括舉世聞名的葡萄牙維利奇卡鹽療法中心。療養者需要下到地底下 200 公尺深的鹽礦裏接受鹽療,效果非常顯著。人在鹽礦裏待 45 分鐘的效果,相當於在海水中浸泡 3 天。同一時期,德國、奧地利、比利時等歐洲國家,則利用天然鹽晶體建造人工「鹽窟」,在裏面實施鹽療法,療效也非常顯著。

補充身體的能量

鹽療法有什麼理論根據呢?在施行鹽療法的過程中,人體會吸入大量的純天然含鹽氣體,這些含鹽氣體中有着豐富的礦物質和微量元素,可以為身體補充能量。如今,鹽療法常和音樂療法(透過播放使人放鬆的輕音樂進行治療),還有光療法(發射顏色對人體有益的光來進行治療)相提並論。

鹽療法的療效有哪些?鹽療法可以治療呼吸系統的疾病(哮喘、慢性支氣管炎、鼻竇炎、過敏等)、皮膚疾病(痤瘡、牛皮癬、濕疹等),以及因疲勞和壓力引起的某些不適,如循環不良、偏頭痛等。

法國有很多鹽療法中心，大都位於巴黎和莫澤爾河流域。在法國之外，比利時也有很多這樣的中心。

建議打算去東歐地區度週末的人，千萬不要錯過去匈牙利做個鹽療法哦！它會讓你的身體得到極大的放鬆。

至於水晶鹽燈，究竟是怎麼回事？近年來，水晶鹽燈已然成了自然產品商店裏一道亮麗的風景線，全球大大小小的購物網站都有銷售。賣家打出來的廣告詞，無不宣傳水晶鹽燈具備傳播天然負離子、吸收電器輻射的功能。

水晶鹽燈是否具有上述這些功能，尚未得到科學研究的證實。可以肯定是，水晶鹽燈散發出的柔和的光暈確實能創造出一種安靜、祥和的氛圍，讓使用者感到身心寧靜。

鹽的應用

治療感冒

感冒是冬天最常見的一種疾病，往往會造成流鼻涕、鼻塞、喉嚨痛、呼吸不順等情況。

感冒主要是由病毒引起的（感冒病毒有 200 多種），一般不會很嚴重，等人體免疫系統自動產生對抗這種感冒病毒的抗體後，就能自動痊癒，這個過程一般需要幾天時間。鹽則可以幫助我們早點擺脫感冒病毒的困擾。

使用方法：
· 在0.5公升開水中加入 1/2 湯匙的灰色粗海鹽，等其完全溶解冷卻後，用鹽水清洗鼻腔（透過移液器操作）即可。若用喜馬拉雅玫瑰鹽代替灰色海鹽，效果將會更加顯著。
· 吸鹽法：在一碗熱水中加入 1 湯匙粗鹽或喜馬拉雅玫瑰鹽，用熱毛巾蓋住頭，將揮發出的蒸汽吸入鼻中即可，一般要持續 5 分鐘左右。
· 粗鹽足浴法：在一盆水中加入 1～2 把灰色粗海鹽，調勻後將腳放進去浸泡約 10 分鐘左右，然後擦乾，穿上乾淨的襪子蓋好被子睡覺即可。

治喉嚨沙啞

唱了整整一個晚上的歌，第二天起床突然發現發聲困難。不要緊張，這是很正常的現象。人的聲帶本來就非常脆弱，突然受涼或是高壓的工作都會造成聲帶受損。好在還有鹽水漱口這個純天然藥方，雖說治療過程不是很舒服，但療效真的很顯著。

在一杯開水中加入 1 湯匙粗鹽或未經萃取的細鹽調勻，待鹽水冷卻至常溫時將它含在口中即可，每天 2 次，療效顯著。

治療咽峽炎、喉疾

喉嚨是病毒和細菌進入人體的主要通道，千萬不可小看喉嚨痛。喉嚨痛往往表示身體的防禦系統已經開始遭受攻擊了。不要慌，快點起來行動，讓鹽為你保護咽喉。

使用方法：

· 在 20 毫升溫水中加入 1/2 咖啡匙的精細海鹽調勻後漱口，冷熱均可，每天重複幾次，很快就會有顯著療效。

· 將 500 公克的粗鹽放進微波爐或平底鍋裏加熱，然後倒在濾袋中，再將濾袋外敷於喉嚨處至少 1 小時，注意溫度不要太熱，不要讓濾袋滑落。若能外敷一個晚上療效將更加顯著。

· 以粗鹽和檸檬汁為原料，製作另一種熱敷袋。方法是抓一小把粗鹽加入 1 勺熱檸檬汁，拌勻後半攤在紗布上，然後用紗布把鹽包好，外敷在喉嚨的疼痛處 1 小時，同樣會有顯著療效。外敷過程中，可用橡皮筋固定紗布包。

治療口腔潰瘍

口腔潰瘍是口腔內部出現的小潰瘍，可能會長在腮幫內部，也可能長在牙齦、舌頭等其他部位。口腔潰瘍的原因有很多，如飲食不當、壓力過大、過度勞累，甚至刷牙太用力等。

口腔潰瘍不會對健康造成大礙，卻很痛苦。這時，可以在嘴裏含鹽水來緩解疼痛。

使用方法：

· 在一杯溫水中加入 1 湯匙鹽，精鹽、粗鹽均可，調勻，晚上刷完牙後將鹽水含在口裏含 1 分鐘後吐出。

· 再用清水漱口，去除嘴裏的鹹味。連續堅持 1～2 天就會有顯著效果。

· 也可以混合 1/2 咖啡匙精鹽和 1/2 咖啡匙小蘇打粉混合，製成漱口水，效果會更顯著。

治療牙齦發炎

牙齦常會因為發炎而變得紅腫脹痛，甚至流血。牙齦發炎的誘因有很多，如病毒感染、某種維生素缺乏或牙菌斑堆積等。

牙齦發炎千萬不能掉以輕心，否則很容易引起牙周病，嚴重時還會導致牙齒鬆動甚至脫落。

如果牙齦發炎了，第一時間一定要想到用鹽治療，因為鹽有抗酸和活血化瘀的功能。

使用方法：

· 在一杯溫開水中加入 1 咖啡匙細鹽，調勻後含在嘴裏含 30 秒鐘後吐出，每天重複幾次，連續幾天就可以有效緩解疼痛。

· 還可以用自製的牙膏來治療口腔潰瘍。方法非常簡單，在一杯水中

加入 1 湯匙灰色粗海鹽調勻，每天用牙刷蘸這種鹽水代替牙膏刷牙即可，經濟實惠，療效又顯著。

緩解腎結石／腎絞痛

造成腎絞痛的主要原因是腎裏面有結石。腎絞痛會造成後背的下半部分疼痛難忍，嚴重時還會引起生殖器疼痛。

腎臟病患者要盡量少吃鹽，不過卻可以用鹽來泡澡以緩解疼痛。

使用方法：在溫熱的洗澡水中加入 1 公斤灰色粗海鹽，調勻後在裏面浸泡 15 ～ 30 分鐘，疼痛會明顯減輕。泡澡期間，可以大量喝水或喝蔬菜湯。

治療扭傷

伸展關節韌帶時只要稍不注意就會造成扭傷，最容易扭傷的部位是腳踝，此外還有手腕和膝蓋。如果扭傷不嚴重，並未骨折，可用粗鹽泡澡來緩解疼痛。

使用方法：

· 將 2 公升冷水和 2 把灰色粗海鹽混合，切忌用熱水！調勻後將扭傷部位置於鹽水中浸泡 15 分鐘左右，擦乾後用繃帶包好，不要包太緊。
· 然後將腳踝或膝蓋稍稍抬起 30 分鐘左右。

🧂 舒緩疲勞、緊張

經過一整天的緊張工作後，拖着疲憊的身軀回到家裏，這時候最想做的莫過於趕快泡個熱水澡放鬆放鬆。

何不順便在浴缸中加些海鹽，幫助你更有效驅除疲勞呢？

使用方法：

- 倒 500 ～ 1,000 公克海鹽在浴缸中，放水調勻，待海鹽完全沉至浴缸底部後，進去浸泡 15 ～ 20 分鐘，浸泡過程中可根據需要再添加熱水。若能在水中加些精油，如洋甘菊精油、薰衣草精油、甜橙精油、玫瑰精油、依蘭精油等，效果將更加顯著。
- 用粗鹽泡個足浴，同樣可以緩解疲勞。具體方法是在裝了溫水的大盆中加入 1 ～ 2 把粗鹽，調勻後將腳伸進去浸泡 15 ～ 20 分鐘。
- 如果用死海鹽來代替傳統的海鹽，療效將會更加顯著。因為死海鹽中的礦物質含量更為豐富，能為機體補充更多的礦物質元素，從而有效趕走疲勞。
- 若想為肌膚補充維他命，泡澡時可在水中加入 1/2 顆檸檬份量的檸檬汁，可以讓皮膚更加細緻光滑。

🧂 治昆蟲叮咬

夏天到了，特別容易受到昆蟲叮咬，避之卻不及。被咬一下倒不算什麼，難受的是被叮過的地方會特別癢，這時就要靠鹽來幫忙止癢了。

使用方法：

· 取 1/2 咖啡匙細鹽和 4 湯匙水調勻，將紗布或吸水紙放進鹽水裏浸透。

· 取出來敷於癢處，很快就會有效果。必要時，可重複幾次。

治療皮膚病

人們用死海鹽來治療皮膚病，如濕疹、牛皮癬、痤瘡等，由來已久。

使用方法：

· 浴缸先放好水，倒入 1 公斤死海鹽，調勻後入水浸泡 15 分鐘左右。

· 出來後用熱毛巾包好身體，平躺 30 分鐘，再用清水把身體沖洗乾淨並輕輕擦乾。

· 泡澡的頻率為每週至少一次，很快就會出現療效。

· 如果皮膚問題嚴重或想透過泡澡來放鬆的話，也可以每週多泡幾次。

· 皮膚特別乾燥的人泡完澡以後，可用甜杏仁精油塗抹身體，等精油被皮膚吸收後再穿上衣服。

促進血液循環

感覺雙腿沉重，或腿部肌肉感到疼痛、絞痛或刺痛時，表示腿部循環不良。這時候一定要多加小心，因為久而久之可能發展成靜脈曲張，甚至因此引發出許多其他併發症，如靜脈阻塞導致血栓性靜脈炎。

腿部出現不適症狀一定要立即去看醫生，就醫治療的同時還可以採用一些方法來緩解疼痛，如粗鹽泡澡等。

使用方法：

· 在溫熱的洗澡水中加入 500 ～ 1,000 公克灰色粗海鹽，調勻後進入水浸泡約 15 分鐘左右，然後用冷水來回沖洗膝蓋和腳踝之間的部位即可。

· 若想讓鹽浴更有效緩解腿部肌肉的腫脹感，還可以在洗澡水中加入 10 滴絲柏精油，泡完澡後用冷水來回沖洗膝蓋和腳踝之間部位。泡澡的頻率最好是每週一次，當然也可以在腿部剛感到不適時就趕緊泡一泡。

· 晚上睡覺前在冷水中丟 2 把灰色粗海鹽泡泡腳，也會有很好的效果。

· 如果用死海鹽代替一般的灰色海鹽，效果將會更加顯著。

🧂 緩解靜脈曲張

靜脈血液循環不良會導致靜脈曲張，進而引起腿部肌肉疼痛或刺痛、雙腿沉重、腳踝和腳部腫脹、發青等症狀。

導致靜脈曲張產生的原因很多，有些是遺傳因素，但大部分還是由於姿勢不當導致，如長時間站立、久坐不動、缺乏運動、肥胖等。

靜脈曲張通常很難完全治癒，但是可以採取一些辦法來緩解靜脈曲張帶來的痛苦。

使用方法：

· 在 1 公升冷水中加入 30 公克灰色細鹽，調勻後用海綿蘸鹽水擦拭疼痛處即可。

- 粗鹽泡澡：泡澡時浴缸中加入幾把灰色粗海鹽，並滴入 4 ～ 5 滴促進循環的精油，如絲柏精油。

緩解風濕痛

「風濕」其實包括很多種病症，從最簡單的背部疼痛（80% 的人都有過這樣的經歷）到嚴重的骨性關節炎，當然還有類風濕關節炎和僵直性脊椎炎等。

它們的共同點就是都會帶來疼痛，且或多或少造成生活上的不便。緩解疼痛的良方之一就是用粗鹽泡澡，順帶一提，這種方法可是 100% 的效果顯著！

使用方法：
- 洗澡水不能太熱，加入 500 ～ 1000 公克灰色粗海鹽，調勻。
- 調好後，入水浸泡 15 分鐘左右。
- 如果用喜馬拉雅玫瑰鹽或死海鹽來代替灰色海鹽，療效會更加顯著，因為這兩種鹽的放鬆效果良好。
- 還可以將 500 公克的灰色海鹽或喜馬拉雅玫瑰鹽裝在熱敷袋或布袋裏，敷在疼痛處 30 分鐘左右，效果也很好。

治療肉芽

肉芽是皮膚發生小病變引起的，一般長在手上或腳上，偶爾也會長在臉上或生殖器部位。肉芽是由人類乳突病毒引發的，不會對健康造成影響，一般要 2 年左右的時間才能自動褪掉。

不想等這麼久的人，也可以採用冷凍治療法來去除。就是利用 -200℃ 的液態氮冷凍肉芽，使其失去活力而自然脫落。

這種方法雖然有效，但還是很痛苦的，特別是當肉芽長在腳上時。既然如此，何不試試老祖宗的偏方——鹽來去除肉芽呢？不僅經濟實惠，且療效顯著。

使用方法：

- 用肥皂將長肉芽的部位洗淨，然後取一小把鹽在肉芽上來回摩擦，每天晚上如此，直至肉芽完全消失為止。
- 若肉芽長在腳上，則可以每天用加 2 ～ 3 把灰色粗海鹽的熱水泡腳，每次浸泡 30 分鐘左右，直到肉芽完全消失為止。
- 另外還可以用洋蔥或大蒜與細鹽一起治療。方法是在掏空的洋蔥裏填滿精細海鹽，每天用它來摩擦肉芽直至消失為止。

皮膚息肉的現代療法

皮膚上長的小肉芽，我們稱為皮膚息肉，有些人把它稱作「猴子」，台語俗稱「懶散肉」。醫學學名是「皮膚贅疣」或「軟纖維瘤」，它是真皮層的纖維組織過度增生的結果，其實就是贅生的皮膚突出，這是一種常見的皮膚疾病，算皮膚良性增生。

鉺雅克雷射 vs. 二氧化碳雷射

如果是單純的皮膚息肉並沒有危害，現代治療可依據不同息肉種類，施以不同汽化式磨皮性雷射，如鉺雅克雷射或二氧化碳雷射，可精準去除病灶，術後恢復較迅速與美觀。

二氧化碳雷射： 二氧化碳雷射可使疣和 CIN 直接由高溫破壞而氣化，它有許多好處，包括有效、快速、術後疼痛少，缺點是成本價錢高，要有雷射的專業訓練，以及汽化的病毒可能被吸入人體致病。

鉺雅鉻雷射： 利用雷射光束被皮膚所含的水份吸收，產生高能量，使皮膚表層汽化，而達到去除皮膚表層的目的，就是所謂的磨皮。鉺雅鉻雷射的熱效應非常低，是二氧化碳雷射的十到十三分之一，所以又稱作冷光雷射。

去除病灶後，該處再長的機率不高，但有此種體質的人會在其他皮膚處再長新的息肉，如同大樓建築需定期清洗外牆，有皮膚息肉體質的病人可每 1～2 年定期清理，建議加上運動、飲食，控制體重於正常範圍內，也會減少新生皮膚贅疣物的機率。

PART 5

鹽與美容

鹽是一種家用美容聖品，可以利用鹽
能讓人放鬆的特性來泡澡；也可以利
用鹽的清潔特性，製作磨砂膏等。除
此之外，鹽還可搭配其他產品使用，
用以排出體內的多餘水分，或是用於
減肥。

臉部護理

除面皰、粉刺、黑頭

面皰、粉刺、黑頭這些臉部皮膚問題通常出現在青少年發育時期,但有時也會發生在成年人身上。

想要擺脫這些皮膚問題的困擾,最重要的就是要保持皮膚乾淨,不過清潔皮膚時也不能太用力,以免傷害皮膚。

這時候,鹽,特別是死海鹽,就可以大顯身手了,因為死海鹽的清潔、修復和殺菌效果很強。

使用方法:

· 在一個小瓶中倒入 125 毫升的開水和 1 咖啡匙的死海鹽,攪拌至鹽完全溶解,然後靜置使其自然冷卻。

· 臉部洗淨擦乾後,再用棉花球蘸冷卻的鹽水擦拭,擦拭時以 T 字部位(額頭、鼻子、下巴)為主,避免碰到眼周,每天早晚各一次。

身體護理

鹽含有非常豐富的礦物質元素，能夠迅速為肌膚補充能量，使肌膚充滿光澤。

在家用鹽美容，最好選用未經加工的灰色海鹽，因為提煉過後的細鹽已經失去很多營養成分。當然，細鹽因為吸濕性強，且相對溫和，用途也很多。

泡澡

鹽水有使人放鬆的功效，忙了一整天或是從事劇烈運動之後，泡個鹽水澡是不錯的享受，就像把 Spa 搬回家一樣。

使用方法：

· 水與鹽的比例應該是每公升水中加 5 ～ 10 公克的鹽，換算成一個標準浴缸的最大容量，大約是 100 公升水中加 500 ～ 1,000 公克左右的鹽，泡澡的水溫最好是 37℃左右。

· 精油可以選用下面幾種：具放鬆作用的薰衣草精油、甜橙精油、洋甘菊精油、桔子精油、橙花精油等；可使人興奮的天竺葵精油、檸檬精油、馬郁蘭精油、迷迭香精油等；依蘭精油、廣藿香精油和玫瑰精油則適合情侶進行鴛鴦浴。建議孕婦和兒童使用精油時要特別謹慎。

· 此外，還可以在浴鹽中加入植物油、乾燥花、茶葉、柑橘核、奶粉、黏土粉、小蘇打、燕麥片等，泡澡效果更好。

自製浴鹽

手工「浴鹽」的製作方法其實很簡單，只要準備鹽和精油就可以。當然還可以根據自己的需要，加入其他材料。

自製精油浴鹽

在塑膠袋中裝好 1,000 公克灰色粗海鹽，滴入 40 滴精油，拌勻後倒入一個玻璃瓶中密封保存，每次使用時取 1～2 小把，倒入浴缸即可。

牛奶薰衣草浴鹽

材料：

灰色粗海鹽 500 公克、甜杏仁油 1 湯匙、奶粉 2 湯匙、薰衣草精油 10 滴、乾薰衣草 2 湯匙

作法：

1 在甜杏仁油中倒入精油，稀釋後再加入奶粉、鹽和乾燥花，調勻後倒入浴缸中即可。

2 可依上述比例，一次多配些保存在密閉的玻璃瓶中備用。

TIPS

精油不溶於水，直接將精油倒進放好水的浴缸裏，有可能會因噴濺而引起灼傷。建議在使用時，先把把精油倒在鹽上，或是和沐浴油混在一起，拌勻後再一起倒入浴缸。

柑橘皮鹽浴鹽

材料：

灰色海鹽 1 公斤、橙皮 1 整個（未經過處理）、檸檬皮 1 整個（未經過處理）、檸檬精油 5 滴、甜橙精油 5 滴

作法：

1 在玻璃瓶底倒入一層粗鹽鋪勻，鹽上鋪一層柑橘皮，然後再倒入一層粗鹽鋪勻，如此層層反覆，直到這兩種材料用完為止。

2 在玻璃瓶中加入精油，封好瓶口，至少放置 2 個星期再使用。

3 每次洗澡時，在洗澡水中加入 1～2 把配好的浴鹽即可。

日式綠茶浴鹽

材料：

灰色粗海鹽 500 公克、綠茶 2 包

作法：

先泡製 1 公升高濃度的綠茶，倒入鹽調勻後，再一起倒入放好水的浴缸中。

TIPS

綠茶會讓浴缸沾上顏色，泡完澡後要仔細清洗浴缸。

皮膚護理

保養皮膚

皮膚需要不斷進行新陳代謝，才能保持美麗。所以，我們何不採取一些措施來促進細胞的更新，讓自己變得更美呢？

最好的選擇當然就是死海鹽啦！因為它含有豐富的礦物質元素，能夠深層潔淨肌膚，促進肌膚再生。

使用方法：

· 浴缸中放好水，倒入 2 大捧死海鹽。
· 入水浸泡 15 ～ 20 分鐘左右。
· 然後用清水沖淨，擦乾後最好在皮膚上擦點奶油或植物油。

淡化橘皮組織

橘皮組織是皮下脂肪堆積所致，主要集中在臀部、大腿、兩胯和腹部等部位。女性不管胖瘦，到了一定年紀總難逃橘皮的魔爪。

想要完全消除橘皮組織似乎不太可能，不過可以採取一些方法來淡化橘皮組織，防止它進一步擴散。下面推薦這種自製的鹽磨砂膏就可有效淡化橘皮組織。

使用方法：

· 沖澡的時候，抓 1 ～ 2 把粗鹽塗在產生橘皮組織的位置（兩胯、臀部等）使勁揉搓。
· 還可以往鹽裏加點具消脂功效的葡萄柚精油，增強去角質的功效。

將 10 滴葡萄柚精油、1 湯匙甜杏仁油和和 2 把粗鹽混合調勻。葡萄柚精油對光線特別敏感，所以製好的磨砂膏需避光保存，身體去完角質後 2 個小時內也不能曬太陽。

· 另外還可採用「脫水浴」的方式來淡化橘皮組織，在洗澡水中加入 1,000 公克的粗鹽，攪拌均勻後，入水浸泡 20 分鐘左右。出來後用清水沖淨、擦乾，在橘皮組織部位塗上澳洲堅果油即可。

去角質

鹽能夠去除死皮，使肌膚變得光滑有彈性，是去角質的首選。

此外，由於鹽（這裏指的是未經處理的原鹽，尤其是灰色海鹽）富含豐富的礦物質元素，可以用它來為肌膚補充礦物質，促進血液循環，使肌膚充滿光澤。

去角質時，建議臉部用細鹽，身體用粗鹽。當然，若能用喜馬拉雅玫瑰鹽或死海鹽，效果會顯著，因為這兩種鹽的礦物元素含量更豐富，清潔效果也更明顯。

使用方法：
臉部去角質

將 2 湯匙灰色細鹽和 2 湯匙甜杏仁油混合，調勻後塗在臉上並輕輕按摩片刻，注意避開眼周，然後用清水洗淨，輕輕拍打皮膚，等皮膚乾了以後再塗上日常用的日霜或晚霜即可！每週進行一次。

身體去角質

將 3 湯匙灰色粗鹽和 2 湯匙甜杏仁油混合，調勻後塗在身體上並使勁按摩，腳跟、肘部、膝蓋等粗糙部位可加重按摩力度。然後用清水沖淨即可。

TIPS

· 可按比例多配些去角質膏，保存在密封罐中備用。

· 香茅精油對光非常敏感，若採用這種方法去角質，結束後至少要過 1 個小時才能曬太陽，否則臉上可能會出現難看的灰色斑點。

玫瑰精油去角質膏

材料：

喜馬拉雅細鹽 2 湯匙、玫瑰植物油 2 湯匙、大馬士革玫瑰精油 2 湯匙

作法：

1 將所有材料倒在一個小碗中，調勻後仔細塗抹在臉上，注意要避開眼周。

2 輕輕按摩臉部幾分鐘後用清水洗淨。

去水腫去角質膏

材料：

死海鹽 2 湯匙、甜杏仁油 2 湯匙、葡萄柚精油 10 滴

作法：

1 將所有材料倒在一個小碗中，調勻後仔細塗抹在身體表面，並用力揉搓。

2 揉搓臀部、兩胯等部位時需加重力度，最後用清水洗乾淨即可。

莫諾伊去角質膏

材料：

灰色粗海鹽 2 湯匙、磨碎的椰子 1 湯匙、莫諾伊香精油 2 湯匙、香茅
精油 8 滴

作法：

1 將莫諾伊香精油和香茅精油倒在一個小碗中，調勻。

2 然後把灰色粗海鹽和磨碎的椰子倒進碗裏，調勻。

頭髮護理

🧂 去除頭髮上油污

頭髮容易出油不能完全歸咎於個人的衛生習慣不良，多數是髮質本身
所致。有些人頭部皮脂分泌比較旺盛，頭髮剛洗過沒多久很快又變得
油膩膩了，真是苦不堪言。

想要改變這種狀況，一定要注意不能使勁抓頭皮，同時可以考慮使用
一些去油產品，鹽就是一個不錯的選擇。

鹽的清潔效果極佳，可以直接用來洗頭髮，也可以摻在洗髮精中使用。
除了洗頭以外，鹽還可以和其他材料配在一起製作髮膜。製作髮膜時，
若能加入一點綠色黏土，去油效果會更好。

使用方法：

· 頭髮沖乾淨，取 1～2 湯匙灰色細鹽，均勻塗抹在頭髮上、特別是髮根部位。20 分鐘左右後用梳子仔細梳理頭髮，把鹽粒梳掉。

· 還有一種方法，就是在洗頭的時候，在倒出來的洗髮水中加入 1/2 咖啡匙的灰色細鹽調勻，按平常方法洗頭，並輕輕按摩頭部 5 分鐘左右，最後用清水沖淨頭髮即可。

製作髮膜

材料：綠泥粉 2 湯匙、灰色細鹽 1 咖啡匙、冷水

作法：

1 將黏土和鹽混合，加水攪拌至黏稠的糊狀。

2 洗完頭後，將調好的糊狀物均勻塗抹在濕髮上，輕輕按摩 10 至 15 分鐘。

3 用清水沖淨頭髮，在最後一次沖洗的水中加入 1 湯匙白醋。

4 每週一次，很快就會有顯著效果。

🧴 去頭皮屑

鹽可深層清潔頭皮，減少頭皮屑的產生。

使用方法：

每天晚上睡覺之前，將 1 湯匙的鹽塗抹在頭上並輕輕按摩一段時間，然後用毛巾把頭髮包起來再上床睡覺，注意按摩時動作要輕，以免過度刺激頭皮。第二天用梳子仔細梳頭，把鹽篦出。連續堅持 2～3 天就會有顯著效果。

牙齒護理

 美白牙齒

用什麼美白牙齒最有效呢？當然是鹽啦！經濟實惠又有效，而且 100%
純天然。要知道，很多美白牙膏裏都含有鹽啊！那還等什麼呢？趕快
行動起來，讓鹽幫助你擁有更白更亮的牙齒吧！

使用方法：

· 刷牙時直接倒點鹽在牙刷上，像平常一樣刷牙即可。

· 不過，上述這種作法會對牙齦造成很大刺激，所以刷牙的動作一定
  要輕。

· 在一杯溫水中加入 1 咖啡匙灰色粗鹽，待其完全溶解後用牙刷蘸鹽
  水刷牙即可。注意，刷完牙後要用清水漱口。

· 另外還可以把浴鹽（一杯水配 1 湯匙灰色細鹽）或黏土粉溶解在水
  中，然後將鹽水（或黏土粉水）含在口中，也可以美白牙齒。

手部護理

去除手上異味

做飯時，手上特別容易沾上一股難聞的味道，如蒜味、洋葱味等，光用肥皂洗手很難完全去掉。這裏推薦一個妙方：用鹽洗手。

使用方法：

洗好手後，倒 1 湯匙鹽在手心，兩個手掌來回揉搓幾分鐘，再用肥皂水把手洗乾淨即可。

預防斷甲

有些人的指甲比較脆，特別容易斷裂。遇到這種情況，就要趕緊為指甲補充它所缺乏的營養成分。常見的有鹽水泡甲法。

使用方法：

在一碗熱水中加 1/2 湯匙灰色細鹽，每天晚上將指甲伸進去浸泡 5 分鐘左右，堅持一個星期左右就會有效果。

足部護理

 ## 嫩足

鹽是足部護理的首選,不僅可用來去除足部角質使其變得更光滑,也可兌成鹽水泡腳,軟化老繭。

使用方法:

1. 在碗中倒入 2 匙橄欖油和 2 匙灰色粗海鹽,攪勻後塗在腳上並揉搓,注意揉搓腳跟和長繭的部位時要格外用力。
2. 揉搓幾分鐘後用溫水把腳洗淨擦乾即可。每週進行一次。

治腳氣病

在上述的鹽和橄欖油混合物中加入 4 滴茶樹精油,還可以治療腳氣。茶樹精油的抗菌性極強,特別適合用來治療腳氣病和腳部的真菌感染。茶樹精油還有刺激作用,可有效去除腳部異味。

足浴法

在盛滿溫水的洗腳盆中加入 2 ～ 3 把灰色粗海鹽,把腳伸進去泡 10 幾分鐘左右,放鬆效果非常好。等腳乾了,再用浮石磨砂。

PART 6

鹽與美食

鹹是五味之一（另外四味分別是酸味、甜味、苦味和鮮味），而鹹味主要來源鹽是烹飪必備的材料。但在烹飪過程中，鹽除了能為菜餚調味外，還有很多用途呢！

烹飪妙用

瞭解鹽的妙用，你的生活會變得更簡單。

固定貝類海鮮

烤生蠔或扇貝時，要把它們固定在烤箱裏的托盤上通常是個大問題。有了粗鹽，問題就能迎刃而解啦。

在滴油盤上鋪一層厚厚的粗鹽，然後將貝類海鮮排好在鹽上，再放進烤箱就可以了！

快速冷卻葡萄酒

要喝酒了，才發現忘記事先把白葡萄酒放進冰箱！

別着急，趕緊在冰桶裏加幾塊冰，同時加 2 ～ 3 湯匙的粗鹽，再把酒瓶浸到冰桶裏，很快就可以喝到冰涼爽口的酒了！

刮魚鱗更方便

刮魚鱗時，在魚鱗上撒一層鹽，鱗片很快就會自動翹起來，接下來只需握住魚尾，沿着魚頭至魚尾的方向，輕易就可以把魚磷刮下來了。

蔬菜去皮更容易

有些皮薄的蔬菜，如剛挖出來的馬鈴薯特別難去皮！別急，找塊抹布，在上面撒點鹽，再用它裹住要去皮的蔬菜搓幾下就可以了。

🧂 防止熱油飛濺

做菜時為了避免鍋裏熱油飛濺，可先往裏面加點鹽，再放入其他食材。

🧂 讓薄餅更薄

怎樣才能做出薄如蟬翼的薄餅呢？祕訣就是在麵糊裏加點鹽。如果攤的是甜餅，加點鹽還能讓薄餅更甜。

這就是做糕點時為什麼離不了鹽的原因啦！

🧂 防止蛋糕烤焦

烤蛋糕時不小心把蛋糕的底部烤焦，怎麼辦？

很簡單，先在烤箱的隔板上鋪上一層粗鹽，再放上裝有蛋糕麵團的模具，就可開始烘烤了。

🧂 蛋白更易打成泡

打蛋白時，在碗裏加點鹽效果會更好。

🧂 讓巧克力味道更濃

在巧克力蛋糕、慕斯裏面放點鹽，巧克力的味道會更濃厚。

🧂 烤馬鈴薯顏色更金黃

有一手烤馬鈴薯的絕活一定是很多人的夢想！其實，想要烤出金黃的小馬鈴薯，光靠多加油或奶油是不行的，因為上色主要靠的是鹽。以後烤馬鈴薯，記得加點鹽。

🧂 煮花椰菜更白

煮花椰菜時，在鍋裏加點鹽，煮好的花椰菜才不會變黃。

🧂 燒魚更鮮嫩

燒魚時，事先將魚排在鹽上放個 20 ～ 30 分鐘，魚肉裏的毒素和多餘的水分就會自動排出來。

用這種方法燒魚不僅有益健康，還可以讓燒出來的魚更鮮嫩，如果後放鹽就達不到這種效果了。

🧂 蔬菜脫水更方便

烹飪茄子、小黃瓜等蔬菜時通常需要先對它們進行脫水處理，否則不易消化。

把這類蔬菜切成細長條後放在洗菜籃裏，朝上面撒點細鹽，放置1/2 ～ 1 個小時，它們就會自然脫水，然後再用清水把多餘的鹽分沖掉洗淨就可以了。

手工研磨咖啡更香醇

如果你喜歡傳統的手工研磨咖啡，每次磨咖啡時可要記得加點粗鹽，磨出來的咖啡會更香醇！

不過一定要注意，千萬別多加！否則沖出來的咖啡會無法入口的。只要一點點鹽就好了。

剝核桃更容易

取 100 公克粗鹽溶到 1 公升水中，然後將核桃放進去浸泡一個晚上，第二天再去殼就很容易。

茶泡起來更香

在泡茶的茶壺裏加點粗鹽，可讓茶變得更香。

讓芥末味道更持久

在放芥末的罐裏加 1/2 咖啡匙的細鹽，攪拌一下，就能讓芥末的辣味更持久。

如果芥末變乾了，只要加 1/2 咖啡匙細鹽和 1/2 咖啡匙醋，再攪拌一下，就可以恢復原樣了。

🧂 讓水果味道更濃

大家都喜歡新鮮美味的水果，但有些水果特別難保鮮，最好的解決辦法就是在水果上撒點鹽。

這個方法對於萎蔫的瓜類、草莓和沙拉裏的新鮮水果特別有效。但加鹽的時候一定要留意分量，千萬不可加多了。

🧂 煮蛋不易裂

煮雞蛋時，往水裏加點粗鹽，煮出來的蛋就不會有裂縫。

🧂 讓洋蔥更易消化

吃了生洋蔥不易消化怎麼辦？

別擔心，下次記得在切好的洋蔥上撒點鹽，放置 30 分鐘左右，讓其自然脫水，然後用清水洗淨多餘鹽分，再用來做菜就可以了。

❓ 鹽的小知識

防潮小妙方
在鹽瓶裏加幾粒米，就可有效防止瓶裏的鹽受潮。如果鹽已經受潮了，只要放進微波爐裏加熱一分鐘就可讓其恢復乾燥。

加鹽有技巧

做菜要加鹽誰都知道,但是怎樣加卻是有學問的。有些菜要事先加鹽,有些要在烹飪過程中加,還有些則是做好了再加。

另外,不同的鹽加的方式也不一樣,如粗鹽、鹽花和細鹽的加法就各有講究。

加細鹽的 4 種技巧

1 細鹽通常是在食物烹飪過程中添加的,也可以在用餐時當佐餐鹽使用。每次添加都要適量。

2 料理肉類最好在烹飪過程中加鹽,火候以肉的表層剛熟時最為適宜。如果剛開始烹飪就加鹽的話,肉就會變得乾澀堅硬,不夠滑嫩。

3 做醋酸調味汁時,要先將醋和細鹽混合,然後再倒油,也可以根據需要加點芥末。

4 細鹽是製作醃泡汁的重要材料之一,如醃泡鯷魚或沙丁魚。

TIPS
盡量選擇海鹽,海鹽中的礦物質含量遠高於一般的細鹽。

加鹽花的 7 種技巧

1 鹽花一般都是在菜做好即將端上桌的時候添加、也可以在用餐時當佐餐鹽。

2 鹽花的特點是特別脆,有一種特殊的鹽香,也遠比一般的細鹽鹹。

3 鹽花可以撒在五分熟的鮭魚排、番茄沙拉、超薄牛肉片等等的菜餚上食用。

4 鹽花還是炸馬鈴薯不可少的材料哦！在製作過程中和吃的時候都加點鹽花，平淡無奇的馬鈴薯，也會變成人間美味。

5 製作只加鹽的蔬菜時，如番茄、蘿蔔、蠶豆等，加點鹽花，味道馬上就大不一樣。

6 扮生肉沙拉或什錦沙拉時，需要在上桌前加點鹽花，沙拉吃起來會更酥脆。

7 鹽花還可以直接撒在溏心蛋或山羊起司上，吃起來味道格外鮮美。

加粗鹽的 10 種技巧

1 水煮蔬菜時，最好一開始就在水中加點粗鹽，讓鹹味逐漸滲入到蔬菜裏，這樣煮出的蔬菜會更入味。但加鹽一定要適量，1 公升水中最多加 10 公克鹽（大概 1 平湯匙左右）。這種方法還可以讓蔬菜保持本來鮮豔的顏色。等到煮開時，再把大部分的鹽去掉。

2 製作麵皮時也可以加點鹽，鹽的份量同上。

3 小扁豆、鷹嘴豆或其他豆類要在上桌之後加鹽，這樣吃起來才容易消化。如果在烹飪過程中加鹽的話，會讓這些蔬菜變硬，不易消化。

4 做湯時，肉或蔬菜剛下鍋就要加粗鹽，可以讓肉汁或菜液和香味完全分泌出來。

5 製作醃泡的食物時，要把粗鹽撒在表面上，吃起來才會更有味道。

6 煮魚時，最好用粗鹽，而且要在烹飪前就加鹽。方法是將魚放在鹽上，靜置 20 分鐘左右後洗淨擦乾再烹飪。這種方法可以讓魚肉更緊實，在烹煮過程中不碎掉。

7 粗鹽是製作肉類最重要的材料之一，適宜煎牛排。

8 粗鹽還是製作鮭魚的重要作料之一，如北歐的名菜茴香漬鮭魚。

9 粗鹽還有個特殊功用，就是製作鹽烤或鹽焗食物。

10 還可以把粗鹽放在一個半透明或電動的小風車裏，當胡椒使用。這種作法現在已經變得愈來愈流行！最好選用天然有色鹽，如喜馬拉雅玫瑰鹽或夏威夷黑鹽，如果你的餐桌上有這麼一種「鹽胡椒」，客人定會大吃一驚的。

鹽加太多的處理方法

加鹽時有時很難拿捏分量，萬一加多了怎麼辦呢？這裏介紹 3 個小竅門和大家分享：

1 如果湯裏或蔬菜裏的鹽加多了，可以加入一整個削了皮的生馬鈴薯，它會吸走多餘的鹽分，上桌前再把馬鈴薯撈出來就可以了。

2 如果手邊沒有馬鈴薯怎麼辦呢？可以用紅蘿蔔來替代，將一個生紅蘿蔔洗淨削皮後，切成幾大段放進鍋裏，等菜煮好後再撈出來即可。

3 如果湯鹹了怎麼辦？可以往裏面多加點液體，如水、湯等，也可以加點糖。但加糖有時並不可取，一定在上桌之前先嘗嘗看味道是否適中。

最好少加鹽

做菜時，味道太淡可以加鹽來彌補，很簡單：但是如果鹽加多了，要想讓它變淡可就不那麼簡單了。由於每個人的口味不同，做菜時還是盡量讓味道淡些，然後在餐桌上放一個鹽瓶，讓客人在用餐過程中根據自己的喜好來添加。不過，即使在用餐過程中加佐餐鹽，還是要注意份量，以免攝入過量的鹽。

特殊烹飪技巧

 ## 鹽燒

鹽燒烹飪法的作用就是讓食物在烹飪時如同包上一層鋁箔紙，有效阻止水分、熱量、香味的散發。採用這種烹飪法製作的食物，一定要端到餐桌上後才能敲開鹽殼享用。

雖然叫作鹽燒烹飪法，但是做出來的食物並不鹹，當然，如果敲鹽殼的技術不佳，讓鹽飛濺到食物中呐就另當別論了。

適用鹽燒的食物	
家禽類	雞
家畜類	牛排、牛柳、羊腿、羊排、烤肉等
魚類	鮭魚、鱸魚、鯛魚等魚排，最好是整條魚。只需把魚的內臟掏淨，無需去鱗。
蔬菜類	甜菜、芹菜等。

製作鹽殼的方法

· 先用麵粉、粗鹽和水做一個「鹽皮」，將肉類或魚類包在裏面，然後再烹飪。
· 直接在食物的外面裹上一層厚厚的鹽，一般需要在鹽裏加點蛋白，以防「鹽殼」裂開。
· 可在鹽殼裏加點香草或香料來為魚和肉提味。

乳酸菌發酵法

鹽是乳酸菌發酵法的基本原料之一，這種方法主要用於長期保存未經烹飪的蔬菜。

乳酸菌發酵法是透過一些「益菌」的作用，讓蔬菜裏所含的一部分糖轉化成乳酸。加鹽的主要目的就是加劇整個反應過程、阻止一些有害細菌和微生物的生成。

經過乳酸菌發酵法處理的蔬菜不易腐爛，可以保存好幾個月，蔬菜中的水分和維他命也不會流失。乳酸菌發酵法生成的細菌還能讓蔬菜更容易被消化、促進腸胃蠕動。

乳酸菌發酵法還可用於生產豆類調味汁（以蠶豆為原料）、泡菜、酸菜、檸檬罐頭等。當然，它最主要的用途還是用來保存四季豆或其他蔬菜，如辣椒、葫蘆瓜、豌豆、洋蔥等。

採行乳酸菌發酵法時，最好選用未經任何化學方法處理過的蔬菜，這樣做出來的才會是有機食品。

美味食譜 前菜

鹽胡椒千層酥 —【4人份】

材　料：麵皮 1 張、蛋黃 1 個、牛奶 1 湯匙
　　　　鹽花適量、新鮮胡椒適量

作　法：

1 烤箱預熱至 180℃。

2 將麵皮切成約 1.5 公分 X5 公分的條狀，鋪在已經蓋好烘焙紙的烤架上。

3 將蛋黃和牛奶倒入碗裏調勻，用刷子沾取蛋黃液塗在麵條表面。

4 往各個麵條表面撒上大量的鹽以及胡椒粉。

5 放進烤箱烤 8 分鐘左右。

6 取出後趁熱食用。

 蘸鹽蠶豆 **4~6** 人份

材　　料：新鮮蠶豆 1 公斤、鹽花適量
作　　法：

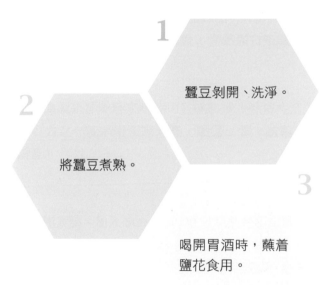

1 蠶豆剝開、洗淨。

2 將蠶豆煮熟。

3 喝開胃酒時,蘸着鹽花食用。

TIPS

· 蠶豆性滯,不可生吃,生蠶豆應多次浸泡或焯水後再烹煮。亦不可多吃,
以防脹肚傷脾胃。
· 蠶豆含有致敏物質,少數過敏體質者(男孩較多)吃了會產生不同程度的
過敏、急性溶血等中毒症狀,就是俗稱的「蠶豆病」。記住,發生過蠶豆
過敏者絕對不能再吃。

鹽燒奶油甜菜千層派 — 4 人份

材　料：大棵甜菜 2 棵、粗鹽 2 公斤、韭菜 1 把、鹽和胡椒適量
　　　　小比利牌（Petit Billy）新鮮山羊起司 1 塊

作　法：

1

烤箱預熱至 180℃。

3

取一只高邊的碟子，碟子裏鋪上約 1.5 公分厚的鹽，然後在鹽上鋪上甜菜，鋪好後將剩下的鹽倒在甜菜表面，直至把甜菜完全覆蓋為止。

2

甜菜洗乾淨，不削皮；韭菜洗淨，切碎。

4

連盤子放進烤箱烘烤 1 小時 15 分鐘。

6

將山羊起司和切碎的韭菜混合，並加入少許鹽和胡椒。在甜菜上抹一勺山羊起司，並且依次疊起來。

5

從烤箱裏取出盤子，冷卻後將鹽殼打碎，取出甜菜並切成薄片。

7

在陰涼處放置一段時間再食用。

鹽醃沙丁魚 **6** 人份

材　　料：沙丁魚排 24 塊、洋蔥 2 個、鹽花 100 公克
橄欖油 15 毫升、百里香數枝、胡椒適量

作　　法：

1

洋蔥剝開皮，切成薄片。

2

取一個高邊盤子，放入 6 塊沙丁魚排，魚皮方向朝下。

3

在魚表面撒上鹽花和胡椒，加幾片洋蔥、少許百里香和橄欖油。

4

另外 18 塊魚排，按照同樣方法分 3 盤處理。

5

用保鮮膜或鋁箔紙將盤子包好，放到陰涼處靜置至少 2 個小時。

6

涼食。

美味食譜 肉類與魚類

....

 鹽煎牛排　**4** 人份

材　　料：牛肋骨肉（1 公斤左右）1 塊、粗鹽 1 公斤
　　　　　橄欖油 2 湯匙、迷迭香 3 小枝

作　　法：

1

取一口大型平底鍋，鍋底鋪上一層厚厚的粗鹽，面積相當於牛肋骨肉大小。

3

等鹽受熱結成殼時，把牛肋骨肉放到鹽上烹煮 10 分鐘，然後翻面，再烹煮 10 分鐘即可，也可根據自己喜好適當延長時間。

2

將橄欖油和迷迭香混合，塗抹在肉的表面。

4

起鍋後應立即食用。

TIPS

這道菜與烤小馬鈴薯和新鮮四季豆一起食用，味道更佳。

鹽燒牛柳 6 人份

材　　料：牛柳 1.5 公斤、雞蛋 1 個、粗鹽 250 公克
　　　　　麵粉 300 公克、大蒜 2 瓣、油（用於烤盤）1 湯匙
　　　　　百里香和迷迭香數小枝、鹽和胡椒適量

作　　法：

1

烤箱預熱至 180℃。

3

將蒜剝開切碎。

2

把麵粉和粗鹽倒入沙拉盆裏，加水和成一個緊實的麵團。

4

雞蛋打到一個小碗裏，調勻後用刷子塗在肉上，然後往肉上加入蒜末、香草、鹽和胡椒。

5

用擀麵杖將鹽麵團
擀成皮，把肉放到
麵團裏包好。

6

將包好的肉放到加
了油的烤盤上，用
叉子在麵皮上戳幾
個小洞。

7

將烤盤放入烤箱烤
40 分鐘左右，打
開烤箱門，過 20
分鐘左右後再把肉
取出來。

8

菜上桌後，當着客
人的面敲開鹽殼，
食用。

🧂 金槍魚生魚片 6人份

材　　料：鮮金槍魚魚肉（魚腹，去皮去刺）1公斤、洋蔥2個
　　　　　橄欖油2湯匙、韭菜1把、鹽花適量、胡椒適量

作　　法：

1
洋蔥去皮切碎；
韭菜洗淨，切碎。

2
將金槍魚切成小
方塊，放入沙拉
盆中。

3
往金槍魚上撒6
小把鹽花，加入
洋蔥和胡椒後攪
拌均勻。

4
用鋁箔紙包好沙拉
盆，放到陰涼處至
少靜置1小時。

5
上桌後，魚肉裏加
入橄欖油和洗淨切
碎的韭菜，拌勻後
即可食用。

TIPS

這道菜和檸檬橄欖油素沙拉一起食用，味道更佳。

鹽製鮭魚 4人份

材　料：帶皮鮭魚 800 公克、粗鹽 6 湯匙、糖 4 湯匙
　　　　紅胡椒 1 湯匙、花椒 1 湯匙、蒔蘿 1/2 把

作　法：

1
將粗鹽、糖、胡椒和研碎的花椒倒入碗中，調勻。

2
鮭魚擦乾，沾上碗裏調好的料。

3
將一半調味料倒在保鮮膜中央，上面放好鮭魚和蒔蘿。

4
再把剩下的調味料倒在鮭魚上，將魚完全被蓋住。

5
包好鮭魚後放到盤子裏，上面放一個重物。把盤子放到陰涼處，醃上 24 小時。

6
上桌時，揭開保鮮膜，用吸水紙吸去多餘鹽分，再將鮭魚切成細長條食用。

TIPS

這道菜與新炒小馬鈴薯和蒔蘿白起司一起食用，味道更佳。

鹽燒鯛魚　4~6 人份

材　料：大鯛魚（內臟淘淨但不去鱗）1 尾、粗鹽 2 公斤
　　　　檸檬 1 整個、大蒜 2 瓣、鹽和胡椒少許
作　法：

1
烤箱預熱至 210℃。

3
大蒜剝開、洗
淨、切碎。

2
檸檬洗淨，切成
圓薄片。

4
將蒜末和檸檬片塞
進鯛魚腹裏，撒上
鹽和胡椒。

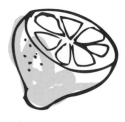

5

取一半的粗鹽平鋪在盤子裏，放上鯛魚，再用剩下的鹽把鯛魚蓋住。

7

上桌時將鹽殼敲開並取出鯛魚，趁熱食用。

6

放進烤箱烤 35 分鐘左右。

TIPS

這道菜與白奶油醬汁和蒸蔬菜一起食用味道更佳。

美味食譜 蔬菜類

鹽燒百里香馬鈴薯 — 4~6 人份

材　　料：大小差不多的小馬鈴薯 1 公斤、蛋白 1 個
　　　　　粗鹽 2 公斤、百里香數小枝

作　　法：

1

烤箱預熱至 210℃。

2

小馬鈴薯洗淨瀝乾。

5

連盤子放進烤箱烤製 45 分鐘左右，取出即可。

3

把粗鹽和蛋白倒入一個沙拉盆，調勻後平攤在盤子底部（厚度約 2 公分）。

將小馬鈴薯在鹽層上排好，灑上百里香調味。再用剩下的鹽把小馬鈴薯完全蓋住。

4

TIPS

馬鈴薯不能帶皮吃，因為它含有一種叫生物鹼的有毒物質。

粗鹽香草炸小馬鈴薯 4~6人份

材　料：小馬鈴薯 1 公斤、橄欖油 2 湯匙、奶油 15 公克
　　　　粗鹽 1 咖啡匙、百里香 2 小枝
　　　　迷迭香 2 小枝、新鮮胡椒適量

作　法：

1
馬鈴薯洗淨。

2
將橄欖油和奶油倒入一個煎鍋裏。

3
油燒熱後加入小馬鈴薯翻炒，炒至小馬鈴薯外面附着油層。

4
加鹽，小火煮 40 分鐘，並且不時晃動煎鍋，防止沾鍋。

5
起鍋前 10 分鐘加入百里香、迷迭香和胡椒，起鍋後即可食用。

TIPS

出鍋前先嘗嘗看馬鈴薯是否都熟了；實際烹煮時間會因小馬鈴薯的大小差異而有所不同。

乳酸菌發酵四季豆

材　料：未經處理的四季豆或有機四季豆 1 公斤
　　　　細鹽 60 公克

作　法：

1

裝 2 公升水在平底鍋裏，倒入鹽，煮沸後放涼。

2

四季豆去梗後一層層鋪在玻璃瓶中，玻璃瓶需有擰開的蓋子或橡膠塞。四季豆如果不是很髒的話，無需清洗。

3

在玻璃瓶中加鹽水直至距瓶口 1～2 公分處，將罐子密封起來放在陰涼處或者冰箱裏，保存 3～4 週左右。

4

從瓶子取出四季豆後，先在冷水裏浸泡幾個小時之後才能拿來做菜。

TIPS

如果打開玻璃瓶之後聞到一股異味，表示發酵過程中生成一些有害物質，不宜食用。

美味食譜 甜點類

埃斯普萊特辣椒鹽朱古力小圓餅 4人份

材　　料：融化的黑巧克力 200 公克、鮮奶油 1 湯匙
　　　　　埃斯普萊特辣椒 1 小把、鹽花適量

作　　法：

1

把黑巧克力、鮮奶油和埃斯普萊特辣椒倒入平底鍋裏，加熱融化。

2

取一個糕點烤盤，上鋪一層烘焙紙。

3

烤盤中倒入 1 湯匙融化的巧克力，用湯匙背部將它攤成一個小圓餅狀。

4

如法泡製，做幾個小圓餅，然後撒上鹽花，常溫下放置 30 分鐘左右即可。

TIPS

這種小圓餅與咖啡和黑巧克力一起食用，味道更佳。

鹽花費南雪金磚蛋糕 6 人份

材　　料：蛋白 6 個、砂糖 200 公克、奶油 200 公克
　　　　　麵粉 80 公克、杏仁粉 80 公克
　　　　　細鹽 1 小把、鹽花適量

作　　法：

1

烤箱預熱至 180℃。

2

把奶油倒入平底
鍋裏，文火融化。

3

往蛋白裏加點細
鹽，打至發泡。

4

加入融化好的奶
油、麵粉和杏仁
粉，攪拌成糊狀後
用鍋鏟鏟出（小心
不要破壞泡沫狀的
蛋白）。

5

在費爾南金磚模具
上塗好奶油，倒入
蛋糕糊，然後在放
進烤箱烤 7 分鐘。

7

蛋糕取出後，稍微
冷卻後再食用。

6

將蛋糕取出，撒上
少許鹽花，再放入
烤箱續烤 7 分鐘。

TIPS

鹽花費南雪金磚蛋糕與杏仁巧克力冰淇淋一起食用，口味更佳。

鹽花肉桂蘋果塔　4～6 人份

材　料：酥麵皮 1 個、蘋果 8 個、檸檬的汁 1/2 個
　　　　奶油 50 公克、糖 3 湯匙
　　　　鹽花 1 咖啡匙、肉桂 1 湯匙

作　法：

1

烤箱預熱至 180℃。

2

將酥麵皮攤開在鋪着烘焙紙的烤盤上。

6

放進烤箱烤 15 分鐘。出爐後稍微放涼再食用。

3

蘋果先去皮，再切成很細的片狀，撒上檸檬汁以防變黑。

5

將奶油、鹽花、糖和肉桂混合，調勻後倒在蘋果片上。

然後將蘋果片均勻攤在酥麵皮上，擺成一個花環狀。

4

TIPS

與香草冰淇淋或鮮奶油一起食用，風味更佳。

🧂 鹹心巧克力凍 6～8人份

材　　料：黑巧克力 110 公克、奶油 120 公克、雞蛋 2 個
　　　　　糖 80 公克、麵粉 60 公克
　　　　　鹽花適量、鬆餅模具 6 ～ 8 個
作　　法：

1
烤箱預熱至 180℃。

2
將巧克力和奶油放入鍋裏融化。

3
雞蛋加糖用力攪拌，直至變成白色。將篩過的麵粉和已融化的巧克力倒入雞蛋糊中，調成糊狀。

4
將調好的糊狀物倒入模具中，約至一半高度，然後加入少許鹽花，再繼續倒入剩餘蛋糕糊。

5
放入烤箱烤 8 分鐘左右。

6
出爐後立即食用。

TIPS

加鹽的巧克力最適合在夏末秋初的時候食用，帶來一種清涼的感覺。

鹽花布列塔尼油酥餅 6人份

材　料：蛋黃 4 個、白糖 180 公克、香草糖 2 包
　　　　奶油 160 公克、麵粉 300 克
　　　　酵母粉 1 包、鹽花適量

作　法：

1

將蛋黃、糖和香草糖混合，攪拌至呈白色，然後加入鹽花和切成小塊的奶油。

2

倒入麵粉和酵母粉，和成一個柔軟的麵團。

6

放進烤箱烤 10 ～ 12 分鐘即可。

3

把麵團揉成直徑約為 5 公分的條狀，包上保鮮膜，放在陰涼處至少靜置 2 個小時。

5

將條狀麵團切成一個個 2 公分左右厚的小圓餅，依次擺在烤盤上。

4

烤箱預熱至 180℃，在烤盤上鋪好烘焙紙。

美味食譜 調味料

芹菜鹽 — 隨意

材　料：細海鹽 4 湯匙、芹菜籽 4 湯匙
作　法：

1
研缽裏倒入鹽和芹菜籽，用杵研磨幾分鐘。

2
將研磨好的鹽和芹菜籽的混合物放入罐中密封保存。

TIPS

芹菜鹽可以用來製作西班牙涼菜湯、番茄沙拉等。芹菜籽也可以用洗淨、切碎的芹菜梗來代替。

 柑橘鹽 隨意

材　　料：灰色粗鹽海 500 公克
　　　　　有機檸檬或未經任何處理的柳橙 3 個
　　　　　有機檸檬或未經任何處理的檸檬 3 個
作　　法：

1

柳橙和檸檬洗淨、
去籽後與鹽混合。

2

將上述混合物倒
入一個密閉罐中
保存。

TIPS

柑橘鹽的用途非常多，不僅可以用來燒魚、拌簡單的蔬菜沙拉或生沙拉，如紅
蘿蔔等，還可以用來製作鮭魚，味道會更加鮮美。

 芝麻鹽 ── 隨意

材　　料：粗海鹽 1 湯匙、芝麻 6 湯匙
作　　法：

1

熱鍋，加入鹽和芝麻，不加油焙炒幾分鐘，焙炒期間要不斷晃動平底鍋。

2

將上述的芝麻鹽倒入罐中，密閉保存。

3

將炒好的鹽和芝麻用磨杵研碎。

TIPS

做菜時，芝麻鹽可以直接用來代替鹽使用。

鹽漬檸檬　隨意

材　　料：有機檸檬或未經處理的檸檬 8 個、
　　　　　灰色粗海鹽 250 公克

作　　法：

1

將檸檬洗淨瀝乾。

3

將四瓣檸檬掰開，朝裏面撒入粗鹽。

2

去掉檸檬的兩頭，切成四瓣，但不要切到底，在末端處留 1 公分左右，以防它們完全分開。

4

將檸檬放進一個大的玻璃瓶中，倒入沸水，讓其自然冷卻，水面距瓶口 2 公分處為佳。密封玻璃瓶，置於陰涼處避光保存至少 1 個月。

6

玻璃瓶打開後，就必須收入冰箱保存，可以存放好幾個月。

食用前要用清水把檸檬洗乾淨。

5

TIPS
_____

可以在裝檸檬的玻璃瓶裏加些香草或香料，如月桂葉、芫荽籽等。做葷雜燴的時候，加點鹽漬檸檬，味道會更佳。

品味生活 | 系列

健康氣炸鍋的美味廚房：
甜點×輕食一次滿足

陳秉文　著／楊志雄　攝影／250元

健康氣炸鍋美味料理術再升級！獨家超人
氣配件大公開，嚴選主菜、美式比薩、歐
式鹹派、甜蜜糕點等，神奇一鍋多用法，
美食百寶箱讓料理輕鬆上桌。

營養師設計的82道洗腎保健食譜：
洗腎也能享受美食零負擔

衛生福利部桃園醫院營養科　著
楊志雄　攝影／380元

桃醫營養師團隊為洗腎朋友量身打造！內容兼
顧葷食＆素食者，字體舒適易讀、作法簡單好
上手，照著食譜做，洗腎朋友也可以輕鬆品嚐
美食！

健康氣炸鍋教你做出五星級各國料理：
開胃菜、主餐、甜點60道一次滿足

陳秉文　著／楊志雄　攝影／300元

煮父母＆單身新貴的料理救星！60道學到賺到的
五星級氣炸鍋料理食譜，減油80%，效率UP！健
康氣炸鍋的神奇料理術，美味零負擔的各國星級
料理輕鬆上桌！

嬰兒副食品聖經：
新手媽媽必學205道副食品食譜

趙素馨　著／600元

最具公信力的小兒科醫生＋超級龜毛的媽媽同
時掛保證，最詳盡的嬰幼兒飲食知識、營養美
味的副食品，205道精心食譜＋900張超詳細步
驟圖，照著本書做寶寶健康又聰明！

首爾糕點主廚的人氣餅乾：
美味星級餅乾×浪漫點心包裝＝
100分甜點禮物

卞京煥　著／280元

焦糖杏仁餅乾、紅茶奶油酥餅、摩卡馬卡龍……超過300多張清楚的步驟圖解說，按照主廚的步驟step by step，你也可以變身糕點達人！

燉一鍋×幸福

愛蜜莉　著／365元

因意外遇見一只鑄鐵鍋，從此愛上料理的愛蜜莉繼《遇見一只鍋》之後，第二本廚房手札。書中除了收錄她的私房好菜，還有許多有趣的廚房料理遊戲和心情故事。

遇見一只鍋：愛蜜莉的異想廚房

Emily　著／320元

因為在德國萊茵河畔的Mainz梅茵茲遇見一只鍋，Emily的生活從此不同。這是Emily的第一本著作，也是她的廚房手札，愛蜜莉大方邀請大家一起走進她的異想廚房，分享生活中的點滴和輕鬆料理的樂趣。

果醬女王Queen of Confiture

于美瑞　著／320元

耐心地製作果醬，將西方的文化帶入臺灣，做出好吃的果醬，是我的創意和樂趣。過了水果產季，還是能隨時品嘗到水果的美味食物，果醬的存在怎麼不令人雀躍呢？所以我想和大家分享，這麼原始又單純的甜美和想念的滋味。

營養師最推薦的養生蔬果114種吃法，讓你遠離文明病、變美更健康

佟姍姍、楊志雄 著／320元

蔬果不僅好吃，更對健康有所助益，本書介紹營養師最推薦的台灣好蔬果，教您認識它的營養成分、保健效果、盛產期，更教您如何挑選以及如何烹煮食材，讓家人吃得安心又開心。

營養師推薦的313道健康養生活力飲

盧美娜、徐明駿 著／320元

天天5蔬果，醫生遠離我。本書以黃、紅、白、紫黑、綠等5色蔬果，精選數十種代表性食材，教你在家自己調製各種美味的健康果菜汁。總共313道食譜讓讀者每天都能變化不同口味，怎麼喝也不嫌膩。

首爾咖啡館的100道人氣早午餐：鬆餅x濃湯x甜點x三明治x飲品

李智惠 著／350元

草莓可麗餅、格子鬆餅、馬卡龍；煙燻鮭魚貝果堡、蔬菜歐姆蛋三明治……本書蒐集首爾咖啡館最受歡迎100道早午餐點，輕鬆、易學、好上手，讓你在家也能享有置身咖啡館的幸福。

戀上鬆餅的美味：輕鬆做出52款優雅好滋味

卡羅國際企業團隊 著／300元

無論是初學者或是職人，只要一包鬆餅粉，司康、披薩、甜甜圈、杏仁瓦片、香蕉核桃蛋糕……多達52種各國點心，全都可以輕鬆完成，讓你在家享受多元的下午茶時光。